国家科学技术学术著作出版基金资助出版

金属矿床露天转地下协同开采技术

任凤玉　李海英　著

北　京
冶　金　工　业　出　版　社
2018

内 容 提 要

本书是一部系统介绍金属矿床露天转地下协同开采技术的专著。书中详细阐述了过渡期露天地下协同开采的基础理论与工艺方法，包括露天转地下楔形过渡开采模式、应用诱导冒落法开采挂帮矿技术、释放露天地下产能的技术方法、控制边坡陷落岩移方向的地下采空区尺度的计算方法、复杂形态矿体的三维探采结合方法、诱导冒落简易形成覆盖层技术、露天地下开拓系统的协同布置方法以及露天地下产能协同增长方法等。此外，书中还介绍了协同开采技术在海南铁矿的应用及效果。本书理论联系实际，在采矿理论与技术方面均具有创新性和实用性。

本书可供采矿科研院所的研究人员、大专院校采矿工程专业的本科生和研究生，以及矿山工程技术人员阅读与参考。

图书在版编目(CIP)数据

金属矿床露天转地下协同开采技术/任凤玉，李海英著．
—北京：冶金工业出版社，2018.1
国家科学技术学术著作出版基金
ISBN 978-7-5024-7715-8

Ⅰ.①金…　Ⅱ.①任…　②李…　Ⅲ.①金属矿开采
Ⅳ.①TD85

中国版本图书馆 CIP 数据核字（2018）第 009686 号

出 版 人　谭学余
地　　址　北京市东城区嵩祝院北巷 39 号　邮编　100009　电话　(010)64027926
网　　址　www.cnmip.com.cn　电子信箱　yjcbs@cnmip.com.cn
责任编辑　张耀辉　杨　敏　美术编辑　吕欣童　版式设计　孙跃红
责任校对　王永欣　责任印制　牛晓波
ISBN 978-7-5024-7715-8
冶金工业出版社出版发行；各地新华书店经销；北京建宏印刷有限公司印刷
2018 年 1 月第 1 版，2018 年 1 月第 1 次印刷
148mm×210mm；4.25 印张；125 千字；125 页
30.00 元

冶金工业出版社　投稿电话　(010)64027932　投稿信箱　tougao@cnmip.com.cn
冶金工业出版社营销中心　电话　(010)64044283　传真　(010)64027893
冶金书店　地址　北京市东四西大街 46 号(100010)　电话　(010)65289081(兼传真)
冶金工业出版社天猫旗舰店　yjgycbs.tmall.com
（本书如有印装质量问题，本社营销中心负责退换）

序　言

我国金属矿山露天转入地下开采过渡期露天地下生产相互干扰、产量衔接困难的难题一直没有得到很好解决。本书突破了在露天转地下过渡期保护地采边坡稳定性的传统观念，从允许边坡有控制塌陷、利用地下采空区形状与容积控制塌陷岩移方向的新观念出发，研发出边坡岩移控制的新方法，进而研究出一整套露天转地下同时开采的新技术——露天地下楔形转接协同开采技术，有效扩展了露天地下开采时空，解决了露天转地下过渡期产能衔接的技术难题。

本书作者多年从事采矿方法研究工作，凭借颇深的岩体冒落规律与散体移动规律研究造诣，从分析传统过渡模式对高效开采的不适应性出发，提出楔形转接过渡新模式和系统的露天地下协同开采技术。该书详细介绍了过渡期露天地下协同开采的基础理论与工艺方法，及其在海南铁矿的工程实践应用，并在应用研究中提出挂帮矿提前高效开采技术、复杂矿体三维探采结合技术、高陡边坡岩移控制方法，以及覆盖层简易形成方法等实用技术方法。这些技术先后在海南铁矿、黑山铁矿、大孤山铁矿等国内多座矿山应用，增产增效与节能减排成效显著，具有广泛的应用前景。

该书是一本理论联系实际，富有高效开采新观念与新技术，实用价值高的好书，值得采矿科研院所的研究人员、大专院校的采矿本科生与研究生，以及矿山有关工程技术人员去阅读和使用。该书的出版，是矿业技术创新的一大喜事。

北京科技大学　蔡美峰

2017年11月16日

前　言

随着地下开采技术的快速进步，目前露天开采相对于地下开采的优势已经发生许多变化，深凹露天开采在环境保护、生产成本与矿体单位面积生产能力方面，均不如地下高效开采。目前限制露天转地下开采平稳过渡的最主要因素，是常规的露天转地下过渡方法，露天地下同时开采的相互干扰大，导致过渡期安全生产条件差与产能衔接困难。为解决这一问题，就需要在过渡期最大限度地消除露天地下同时开采的相互干扰因素，拓展露天地下同时开采的时间与空间，充分发挥露天地下生产的各自优势。

本着这一思路，作者针对露天地下的矿床开采条件，分析了露天与地下高效开采的基本条件，以及传统的预留境界矿柱过渡方法的不适应性。境界矿柱在隔离露天采场与地下采场的同时，也隔断了矿体开采的连续性，在时间和空间上不能满足矿床高效开采的需求。为此，书中在总结露天转地下研究成果与生产经验的基础上，提出了消除境界矿柱困扰的露天地下楔形转接过渡方式。

在楔形转接过渡方式下，露天采场与地下采场相毗邻，需要露天地下协同开采，以开创露天与地下安全高效生产环境，快速增大过渡期产能。作者集多年研究成果，构建了露天地下协同开采方法及其相关工艺技术，并在海南铁矿应用中，开发了复杂矿体三维探采结合技术，进一步解决了协同开采方法实施中生产探矿速度跟不上高强度开采需求的矛盾，由此形成了较完整的露天转地下楔形过渡开采理论与工艺技术。本书力争将这一理论与工艺技术用简单明了的方式呈现给读者。

本书内容所涉及的研究工作，得到了国家自然科学基金重点项目（51534003）和“十三五”国家重点研发计划项目（2016YFC0801600）的资助。在本书撰写过程中，相关现场原始材料的收集，得到海南矿业股份有限公司兰舟总工、王春贤工程师等以及西钢集团灯塔矿业有限公司赵云峰总工等的大力支持。本书的出版得到国家科学技术学术著作出版基金的资助。在本书即将出版之际，作者一并表示衷心的感谢与敬意。

由于时间仓促，书中难免有不当之处，恳切希望读者不吝赐教。

作　者

2017 年 10 月 28 日

目　　录

1 绪　　论

我国90%的露天金属矿山均已进入深部开采，其中许多矿山已经或陆续转入地下开采。在露天转地下开采的过渡期间，通常露天与地下同时生产，地下采动岩移常常危及露天边坡的稳定性，容易引发露天边坡滑移，威胁露天生产安全；同时，如果露天爆破震动控制不当，则会危害地下采准工程的稳定性，威胁地下生产安全。因此，在露天转地下开采的过渡期，普遍存在安全生产条件差和露天地下生产相互干扰的问题，由此或多或少影响了露天与地下的生产能力，造成过渡期产量衔接困难。

为解决这些问题，国内外采矿工作者围绕优选地下采矿方法、延长露天采场服务年限、控制过渡期相互干扰因素等方面，进行了大量的研究工作。国外从产量衔接与现金流量的需求出发，设计选用较长的过渡期，保障露天地下足够长的同时生产时间；同时注重地下采矿方法的研究工作，要求所选采矿方法及其结构参数高度适应矿床条件，以实现产能的平稳过渡。此外，国外对露天地下境界矿柱的合理尺寸也做了大量研究工作，提出了能够适用各种矿岩稳固条件的境界矿柱厚度计算方法，采用稳定的矿柱保证露天地下同时生产的安全。

国内矿山一般过渡期较短，在生产实践中形成了露天不扩帮延深开采、扩帮延深开采和加大边坡角回采挂帮矿等延长露天采场服务年限的工艺技术，以弥补过渡期露天生产矿量的不足；同时，根据矿山生产条件，灵活选用地下采矿方法与结构参数，采用足够厚度的境界矿柱隔离露天地下生产的空间联系，或在露天生产末期，形成足够厚度的覆盖层，保障地下生产安全[1]。

上述研究成果，有效指导了矿山过渡期采矿方法的合理选择以及安全生产措施的系统建立，在不同程度上缓解了过渡期矿石产量衔接的难度。

但迄今为止，过渡期安全生产条件差和产量衔接问题仍然没有从根本上得到解决，致使许多大型金属矿山，包括我国近年露天转地下开采的铁矿山，普遍出现减产过渡或停产过渡现象。究其原因，主要是这些研究主要以传统的露天转地下过渡模式为基础，从保持露天应有的开采条件逐步过渡到地下应有的开采条件的角度出发，解决相应的生产与安全问题，虽已形成了较为完整的理论与技术体系，但无法保障过渡期露天与地下同时开采的时空条件，从而不能充分发挥露天与地下的生产能力，造成过渡期产能衔接困难，严重影响了矿山企业的经济效益与可持续发展。为此，从拓展开采时空需要出发，研究露天地下协同开采方法，最大限度地消除露天地下同时开采的相互干扰因素，改善露天地下的生产与安全条件，增大露天与地下的生产能力，从根本上解决过渡期产能衔接困难问题，保障金属矿山露天转地下的可持续发展。

本书基于作者近年在岩体冒落规律与控制技术、散体侧压力支撑作用与利用技术的研究成果，在总结露天转地下工艺研究与生产经验的基础上，从露天与地下高效开采的基本需求出发，分析传统的用境界矿柱或散体垫层相隔离的过渡模式对矿床高效开采的不适应性，研究提出露天转地下符合高效开采要求的楔形转接过渡模式；在此基础上，研究了新过渡模式下的露天地下协同开采方法，包括挂帮矿诱导冒落采矿方法、坑底矿露天陡帮延深开采方法、露天开采境界细部优化方法、边坡岩移危害的防控方法、露天地下产能协同方法、开拓系统协同布置方法，以及覆盖层协同形成方法等；最后，将研究得出的露天地下协同开采方法应用于海南铁矿的生产实际，进一步研究挂帮矿提前高效开采技术、复杂矿体三维探采结合技术、高陡边坡岩移危害协同防控技术以及覆盖层简易形成方法等，形成了完整的露天转地下过渡期协同开采理论方法与工艺技术，为从根本上解决过渡期安全生产条件差与产能衔接困难的难题开辟了新途径。

2 露天转地下过渡模式

2.1 常规过渡模式

在露天转地下开采的金属矿山，常规的过渡模式主要有境界矿柱过渡模式、境界矿柱+覆盖层过渡模式以及设置过渡层的三层过渡模式。

2.1.1 境界矿柱过渡模式

露天转地下过渡期为露天地下同时开采时期，为确保露天采场生产安全和露天地下具备同时生产条件，国内外常用预留或人工构建境界矿柱的过渡方式[2]，即在露天最终境界部位，预留或构建一定厚度的隔离矿柱（简称境界矿柱），将露天生产与地下生产的空间隔开（图 2-1），以此消除二者间的相互干扰。

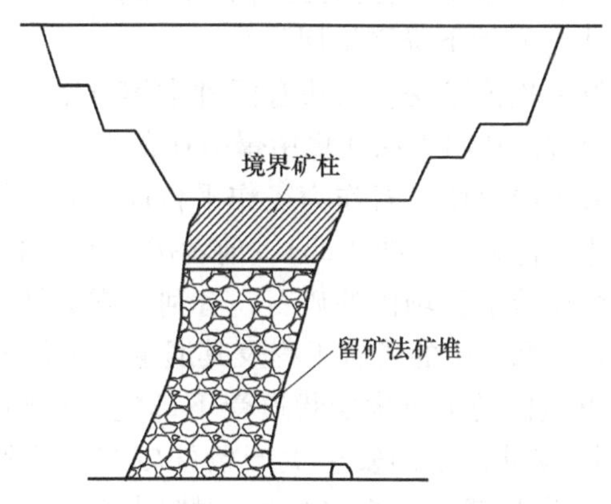

图 2-1 传统的境界矿柱过渡模式

预留境界矿柱的过渡模式，地下开采时需要保障境界矿柱的稳定性，为此一般先用空场法或充填法开采境界矿柱之下的矿体，其中以留矿法开采居多。将采场内的矿石暂不放出，以支撑矿块的间柱与围岩，维护境界矿柱的稳定性，待露天开采结束或境界矿柱回采完成后，再放出采场内的存留矿石。

境界矿柱过渡模式，由于简单易行、适用各类矿体条件，在国内外金属矿山得到了广泛应用。这种过渡模式存在的主要问题是：在时间上，露天开采时，地下不能用适宜的采矿方法开采，即露天与地下不能用最佳采矿方法协同开采；在空间上，境界矿柱隔断了矿体开采的连续性，尤其将挂帮矿体与下部主矿体隔断开来，且常常要求挂帮矿体回采结束后，再开采下部主矿体。这样，将挂帮矿体作为小矿体单独进行开采，无论是采用露天开采方法扩帮开采，还是用地下开采方法开掘平硐开采，都难以达到开采大矿体应有的生产效率，加之过渡期间地下开采不能选用适宜采矿方法，往往造成开采效率低下与矿石产量不足。

另一方面，境界矿柱的回采难度大，安全生产条件差。境界矿柱是从大矿体分离出来相对较小的一层孤立矿体，不仅因矿体厚度相对较小不能进行大规模开采，而且由于受下部采场的采动影响，矿岩弱化，稳定性差，且受下部采空区威胁，导致施工不安全。境界矿柱常用的回采方法主要有三种：中深孔一次崩落法，浅孔扩大漏斗回采法与露天下降平推回采法[3]。

（1）中深孔一次崩落法。该法有两种常用方案：一种是在矿体下盘掘进凿岩巷道，利用中深孔集中爆破崩落境界矿柱（图 2-2a）；另一种是利用采场内存留矿石作为工作平台向上打中深孔，利用预先施工的切割井进行爆破（图 2-2b）。前者优点是，在露采结束后可以及时放出存留在地下采场内的矿石，有利于露天转地下的产能衔接；缺点是需要开掘专用的凿岩工程及其通道，不仅增大了采准工程量，而且邻近空区的下盘凿岩巷道受下部空区影响，稳定性差，在掘进与凿岩爆破过程中的安全生产条件较差。此外，凿岩巷道的掘进、凿岩爆破及其与下部采场间柱协同崩落等，回采工序较复杂，影响地下生产和产能。后者的优点是不需要开掘专用的凿岩工程，缺点是无论切割井或中深孔，都是在强度被弱化的顶板之下施工，存在安全条件较差与生产效率低、不利于产量的衔接的弊端。

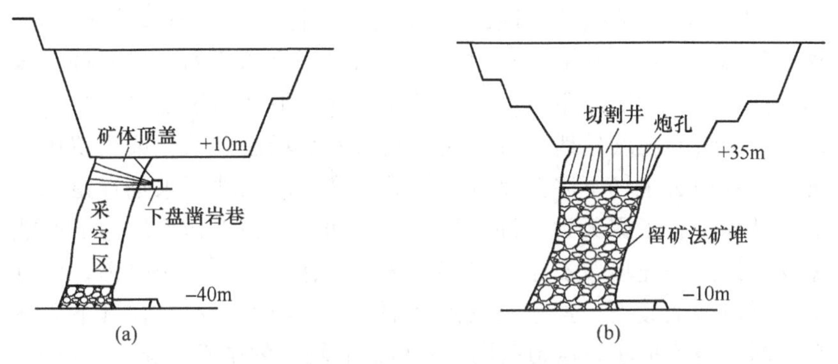

图 2-2 境界矿柱中深孔一次崩落回采方法示意图
(a) 扇形中深孔一次崩落顶盖示意图;
(b) 垂直中深孔一次崩落示意图

(2) 浅孔扩大漏斗回采法。在露天回采结束后，从留矿法采场打上向切割井，与露天采场通透后，从露天向下打浅孔扩大切割井断面，形成漏斗状回采工作面，逐步完成境界矿柱的回采（图 2-3）。这种方法的优点是境界矿柱与地下采场利用同一凿岩设备回采，缺点是除了上掘切割井与下向浅孔施工安全条件差之外，还存在着浅孔下向扩漏效率低以及与下部矿房放矿协同关系复杂等问题。因为该法崩落的矿石流入采场，采场矿石放出后的空顶高度，要求始终保持在境界矿柱之下 1～2m 的范围之内，以防止操作工人掉入采场摔伤。受此影响，该法安全条件差、效率低的问题更为突出。

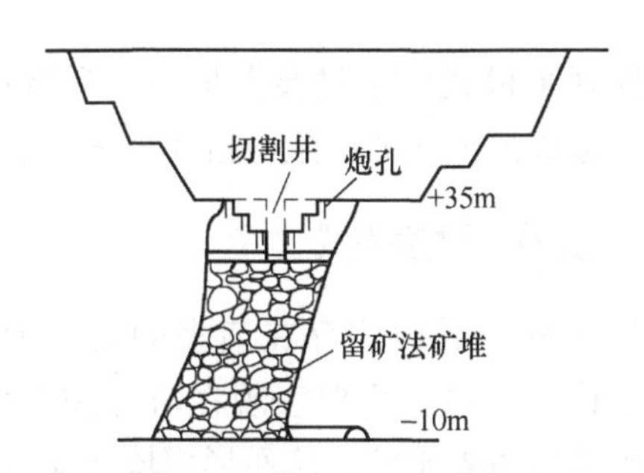

图 2-3 境界矿柱浅孔扩大漏斗回采法示意图

(3) 露天下降平推回采法。在采场内打与露天相通的充填井，然后放出采场内的矿石，通过充填井向采场充入废石，待采场充满后，露天按正常顺序平推，或者下降台阶再平推回采境界矿柱（图2-4）。该法的优点是地下可用效率较高的空场法开采，或用留矿法开采，在露天采场下降到境界矿柱后，马上放出地下采场存留的矿石，从而延长了露天地下同时生产的时间，有利于露天转地下产能衔接；缺点是充填废石是在采场空区之上作业，安全条件差，而且充入采场内的废石，经过高落差摔砸碰撞，块度变小，在其下矿体回采时，将变成小块度覆盖层，容易造成较大的矿石贫化率。此外，充入采场内的废石接顶后，才能采用露天开采方法回采境界矿柱，而受充填范围的限制，所需充填井的数量多，工程量大，施工比较困难。

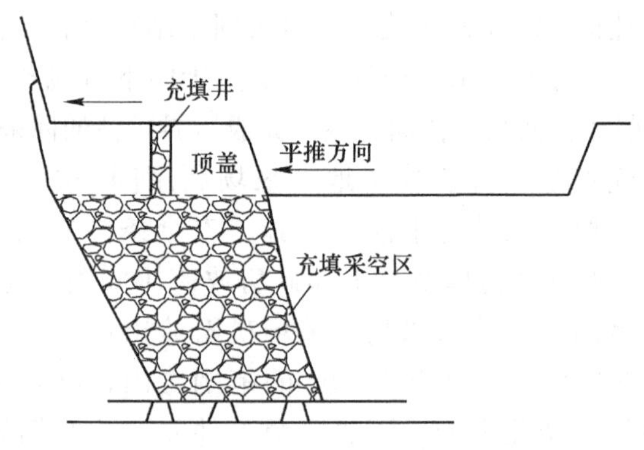

图 2-4 境界矿柱露天下降平推回采法示意图

预留境界矿柱开采模式由于过渡期地下开采效率低、境界矿柱回采困难等原因，造成该模式的产量衔接比较困难。

2.1.2 境界矿柱+覆盖层过渡模式

由于预留境界矿柱开采模式存在诸多问题，近年生产实践中，对过渡模式进行了许多改进，主要表现在坑底用散体垫层代替境界矿柱，仅在挂帮矿预留境界矿柱，从而形成境界矿柱+覆盖层过渡模式（图2-5）。这种模式挂帮矿与露天坑底矿同时开采。挂帮矿用留矿法开采，保护境界矿柱；坑底矿露天开采至境界后，人工形成散体覆盖层，保障其下矿体直接用无底柱分段崩落法开采。覆盖层的形成方法，大多采用回填废石、爆破边坡围岩和从露天坑底打深孔崩落矿石三种人工形成方法，出于地下采场缓冲降雨水害、避免露天边坡岩移冲击以及地下保温等方面考虑，要求覆盖层的厚度一般不小于40m。境界矿柱+覆盖层过渡模式的主要优点是，取消了回采难度较大的底部境界矿柱，在覆盖层下直接应用地下高效采矿方法开采，方便了露天坑底部矿石的回采，有利于地下生产能力的快速提高。但在挂帮矿开采期间，依然有相当长的时间需要保留境界矿柱，导致此期间挂帮矿不能用适宜的采矿方法与露天协同开采，加之挂帮矿体内部的开采对外部的扰动，不可避免地降低边坡的稳定性，恶化露天采场的生产安全条件。此外，露天开采到境界后，需形成覆盖层后，方能用无底柱分段崩落法开采下部矿体，因此，对于露天坑下部的矿体，地下不能接续露天开采。可见，这种境界矿柱+覆盖层过渡方式，在空间与时间上依然存在着露天与地下不能协同开采的问题，由此成为迄今为止未能很好解决的过渡期产能衔接难题。

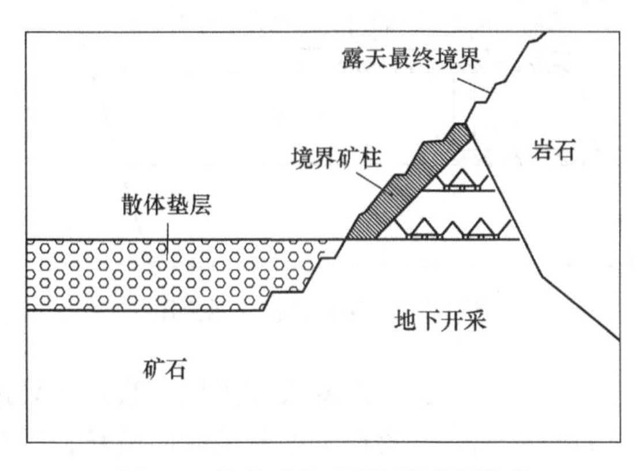

图 2-5 境界矿柱+覆盖层过渡模式

2.1.3 三层过渡方式

20 世纪 70 年代，苏联采矿专家 B. И. 捷林切夫教授和阿戈什科夫教授等人，提出了露天开采层、露天地下联合开采过渡层、地下开采层的三层过渡方式[4]，即在露天开采境界之下，设置一露天凿岩、落矿与地下出矿的过渡层，在过渡层之下转入地下开采（图2-6)。三层过渡的具体方法是：当露天采掘工程在矿床的一翼达到最终深度时，采掘工程沿矿体边界向矿层中央推进，当露采工作面向前推进150~200m时，在非工作帮沿矿体边界掘一天井，将露天底部与地下回采水平的巷道连通，同时在露天底部用露天穿孔设备向下钻凿炮孔；以所掘天井为切割井，深孔爆破扩成切割槽；以切割槽为自由面，利用露天钻凿炮孔侧向挤压爆破，崩落过渡层的矿石；被爆破的矿石从地下底部结构放出。其下矿体用地下采矿法开采。

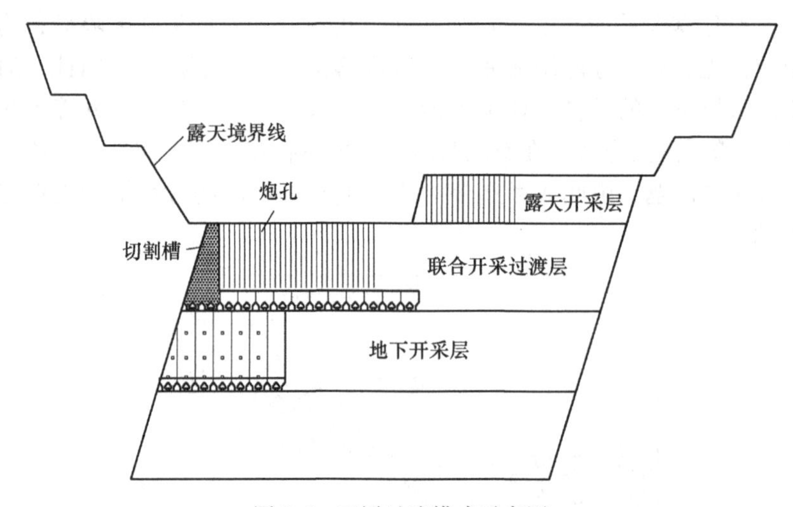

图2-6　三层过渡模式示意图

上、中、下三个开采层（即露天开采层、联合开采过渡层、地下开采层）的过渡方式，需要地下准备的时间较长，且对矿体开采条件要求比较苛刻，因此尚未得到推广应用。

总之，从采矿方法对矿床开采条件适应性的角度分析，常规过渡模式不适应过渡期矿床开采条件与高效开采需求。具体来说，境界矿柱隔离模式，将露天的可采范围分离划小，且使保障境界矿柱稳定性成为地下可采矿体开采的附加条件，由此严重制约了露天与地下的生产效率。而挂帮矿体的境界矿柱隔离+坑底矿体覆盖层保护的过渡模式，同样存在保护境界矿柱影响地下开采效率的问题，同时人工形成覆盖层占据地下开采时间，即在坑底矿体露天开采后，先形成覆盖层，才能进行地下开采，由此割断了矿体开采的连续性，加剧了过渡期产量衔接的难度。由于这些问题，迄今为止，露天转地下过渡期安全生产条件差与产能衔接困难的难题一直未能得到很好的解决，这些问题也是导致近年露天转地下开采的大型金属矿山依然呈现严重减产过渡（图 2-7）的根本原因。

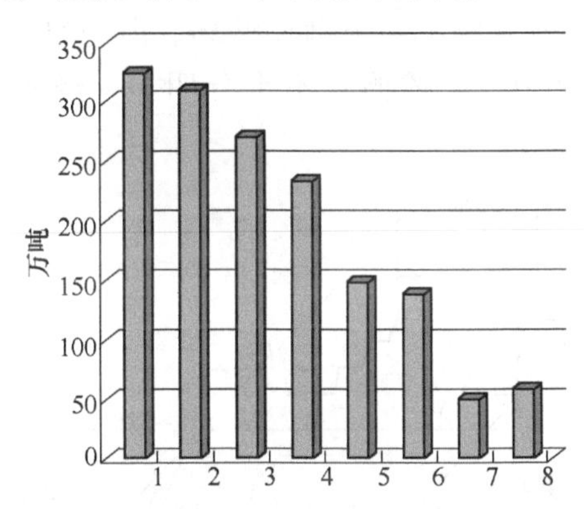

图 2-7　某矿露天转地下过渡期年产量统计图

由上述分析可以看出，为从根本上解决过渡期安全生产条件差与产能低等难题，需要改变过渡模式，取消境界矿柱以及人工形成覆盖层的工艺，增大露天地下同时生产的时间与空间，释放露天与地下的采矿生产能力。为此，需要从大型金属矿山露天转地下的一般开采条件出发，按露天与地下的高效开采和拓展同时开采时空的需求，研发露天转地下的新型过渡模式。

2.2　露天地下楔形转接过渡模式

2.2.1　过渡期高效开采的基本条件

（1）露天陡帮开采。在露天转地下开采的过渡期，一般露天采场早已进入深凹开采，此时为提高开采效率，需要最大限度地实施陡帮开采技术。所谓陡帮开采，是在露天矿采剥工艺技术发展中，为了寻求压缩生产剥采比、降低成本、均衡生产剥采比和节省投资等，所采用的加大工作帮坡角的采剥工艺。陡帮扩帮方式是相对缓帮而言，可在陡工作帮坡角条件下采用组合台阶、分条带等方式执行采剥作业。陡帮工作时，工作帮坡角一般为25°~35°。

组合台阶扩帮是将扩帮阶段分成若干组，一般3~6个台阶为一组，如图2-8所示。每组由一个工作台阶和几个临时非工作台阶组成。每组台阶内自上而下单水平作业，当一组台阶推进到预定临时非工作帮，即完成了一个剥离循环。由于组合台阶中的台阶数处于动态变化中，上述循环不十分明显，经常是交错进行组合的。

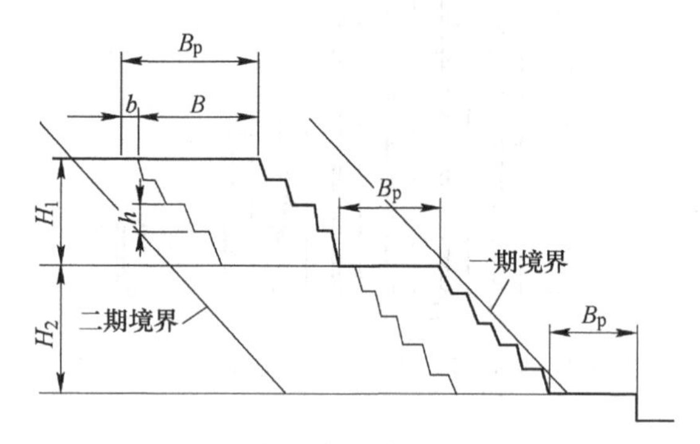

图2-8　组合台阶扩帮示意图

B_p—工作平台宽度；B—组合台阶一次推进宽度；b—安全平台宽度；H_1，H_2—组合台阶高度；h—台阶高度

倾斜条带扩帮是将扩帮区沿倾斜方向分成一个或几个条带，一个条带里只有最上部留有较宽工作平台，可安设采装运设备，采取自上而下逐个台阶进行扩帮。为了加快扩帮下降速度，上下台阶之间可采取尾随式作业，如图2-9所示。

由于过渡期时间较短（一般2~4年），生产中应根据矿岩的稳定性，在保障采场安全的前提下，按陡帮开采技术，最大限度地提

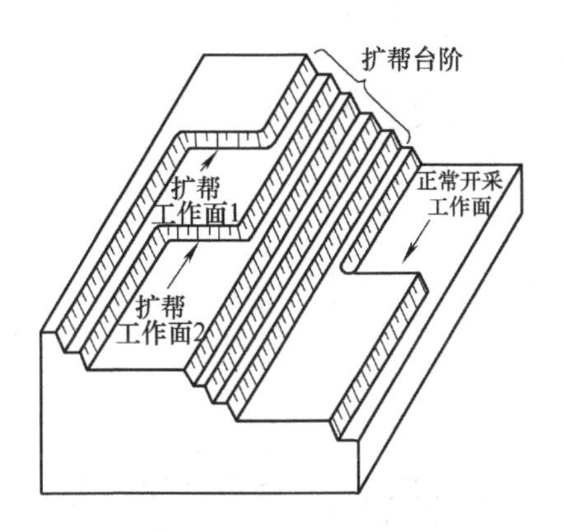

图 2-9 尾随工作面自上而下扩帮示意图

高工作坡帮角，以实现少剥岩多出矿的开采目的。

（2）地下高效开采。过渡期地下采场从无到有，而且地表为露天坑，一般允许崩落，此时为提高开采效率，应选用高效采矿方法。国内金属矿山地下开采的实践表明，大结构参数崩落法的开采效率普遍较高，从分段崩落法到阶段自然崩落法，可根据矿体条件灵活选择应用。特别是近年东北大学研发的诱导冒落法，将矿岩可冒性与分段崩落法的开采工艺有机结合，既有分段崩落法的结构简单、应用灵活的特点，又有阶段自然崩落法的利用地压破碎矿石、采矿强度大、成本低的特点。该法按可采条件将矿体沿铅直方向划分为三区，即诱导冒落区、正常回采区与底部回收区，采场结构如图 2-10 所示。

在诱导冒落区，一般设置一层回采进路（称之为诱导工程），利用该层进路回采后提供的连续采空区诱导上部矿石自然冒落。采空区的等价圆直径（有效诱导冒落跨度），须不小于矿石的持续冒落跨度。一般中等稳固的矿体，其持续冒落跨度为 60~90m。诱导工程的回采，主要是崩落进路之间的支撑，进路之间的矿柱须完全崩透、形成连续的回采空间，诱导上部矿岩自然冒落。诱导工程的采动地压较大，其进路的间距应较正常回采区适当加大，且采空区的净高度，需满足上部矿岩冒落碎胀的要求。如果诱导冒落的矿石层高度

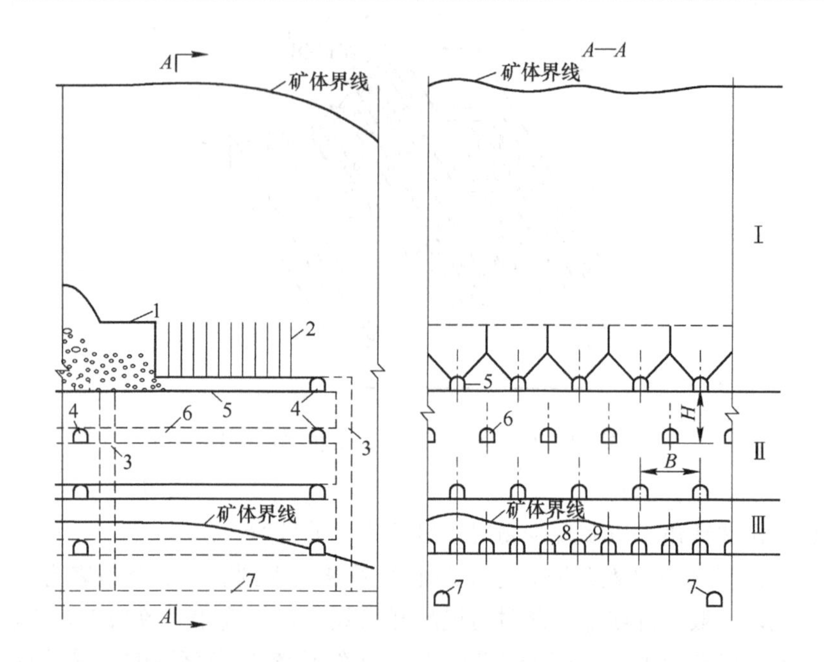

图 2-10　诱导冒落法采场结构图

Ⅰ—诱导冒落区；Ⅱ—正常回采区；Ⅲ—底部回收区；
1—崩落边界；2—炮孔；3—溜井；4—进路联巷；
5—第一分段进路（诱导工程）；6—回采进路；
7—穿脉运输巷道；8—底部回采进路；9—底部回收进路；
H—分段高度；B—进路间距

较大，需要设置两层进路进行诱导冒落，此时第二层进路可根据上部矿岩冒落碎胀要求控制出矿量。

在正常回采区，除回采本分段矿量外，还接收上部冒落矿石。此时为降低废石混入率，采场结构参数与放矿方式要适应矿岩散体的流动规律。此外，正常回采区进路断面的大小，不仅要考虑采掘设备的使用需要，而且要考虑冒落大块矿石的处理方便，原则上冒落大块矿石应能够放落到巷道底板上，以便于处理。该区出矿过程中，常呈现大块矿石在出矿口内集聚、断续地多块同时流出的现象。如果正常回采区内有多层进路，可将卡在出矿口内的大块矿石适当地转移到下分段放出，经过 1~2 个分段散体移动场的挤压破碎，不仅大块矿石的块度会减小，而且大块率也会降低很多。

在底部回收区，回采工程主要负担采场残留矿量的回收，同时负担近底板（或下盘）矿量的回采。该区内每条进路所负担的回采矿量，都不具备向下转段回收的条件，而且由它们接收的上面分段转移矿量的连续移动空间条件，也在放矿结束时自然消失，这样每条进路出矿口放不出来的矿石，即成为永久损失。为此，需要合理设计每条进路的位置，并合理回收每个步距的矿石，以提高回采率。该区内进路的布置形式取决于矿体界线与分段位置关系以及经济合理的开掘岩石高度等因素，一般采取如下三种布置形式：其一，设置加密进路。如图 2-11 所示，在两条按正常菱形布置的底部回采进路之间，补加一条进路，称之为加密进路，由此将进路的间距缩小一半。加密进路相当于将下一分段回收进路提到上一分段来布置。当下一分段回收进路的开掘岩石高度（从进路顶板算起）超过经济合理的最大开掘岩石高度时，就应提到上一分段作为加密进路布置，如图 2-11 所示，图中 h_j 指经济合理的最大开掘岩石高度。其二，在底板（或下盘）围岩里布置一层以回收脊部残留体为主要目的的底部回采进路，称之为回收进路。当矿体底板（或下盘）边界相对分段水平的高差较大，但不大于经济合理的最大开掘岩石高度时，或者当矿体倾角较缓、沿高度方向可以调整回收工程的位置时，布置回收进路比较适宜。其三，加密进路与回收进路联合使用，共同组成底部回收工程（图 2-11）。

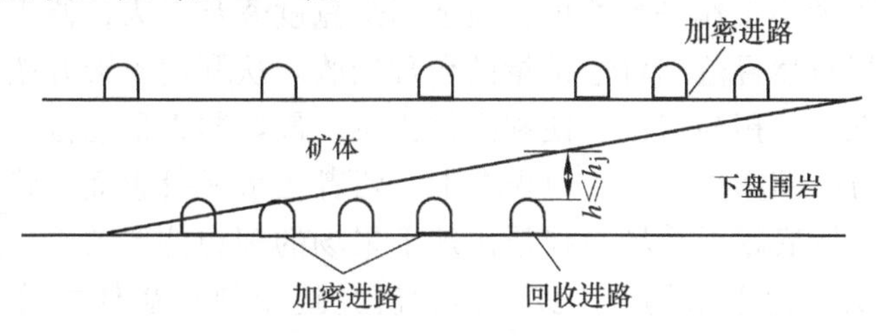

图 2-11　加密进路与回收进路的布置条件示意图

在布置加密进路时，进路间距变小了一半，使得间柱承压能力减弱许多，引起相邻进路稳定性降低。为此需要事先卸压，即需要在其上诱导工程回采卸压后，再开掘加密进路。

上述诱导冒落法三个区域的回采中，依靠诱导冒落区的采动地压破碎矿石，由此大量节省采准、凿岩与爆破费用，并提高落矿强度；依靠正常回采区高强度高质量放出冒落矿石，由此提高开采强度和减小废石混入量；依靠底部回收区充分放出采场内矿石，提高矿石回采率。在北洺河铁矿与和睦山铁矿的试验研究表明，图 2-10 所示的诱导冒落法具有开采强度大、效率高、回采率高、贫化率低、对矿体条件适应性强的突出优点，是露天转地下的最有发展前景的高效采矿方法之一。

2.2.2 楔形转接过渡模式

过渡期露天与地下同时开采，为最大限度地提高产能，理想的方法是在满足露天与地下高效开采基本条件的前提下，完全取消境界矿柱以及人工形成覆盖层的工艺，并释放露天与地下的采矿生产能力。为此，需将露天陡帮开采技术与地下诱导冒落法开采技术有机结合，构建露天开采与地下开采的全新过渡模式。

研究得出，为保障露天与地下二者都能高效开采，露天采场需保持矿体连续开采条件和避免地下开采的陷落危害；地下采场需具有诱导冒落所需的回采宽度，同时不受露天爆破震动危害。按此要求，露天采场设计可按合理边坡角沿下盘延深，直至回采工作面宽度不小于最小工作平台宽度；地下回采宽度逐步扩大，便于诱导其上部矿岩自然冒落和冒落矿量的合理回收。从利用露天开拓系统快速进行地下开拓与采准的便利条件出发，最好露天采场位于地下采场的下方，即露采在下，地采在上，两者在水平投影面上错开，也就是说，坑底露天采场与挂帮矿地下采场的理想位置关系，应使露天采场低于地下采场，为此，作者研究提出斜切矿体的分采界线（图 2-12）。

按图 2-12 的分采界线，从上到下露天采场的宽度由大变小，地

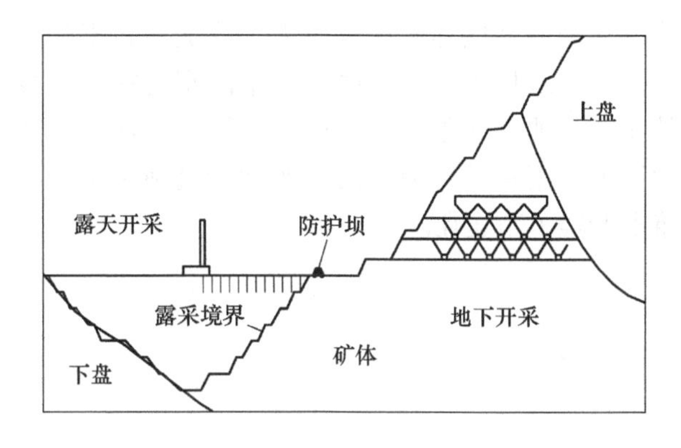

图 2-12 露天与地下开采界线划分示意图

下采场的宽度由小变大，最终露天采场消失，整个矿体全部转为地下开采。具体说来，随着采深的增大，露天开采的范围逐渐变小，最终消失；地下开采的范围逐渐扩大，最终扩大到矿体的全部。在露天采场逐渐缩小与地下采场逐渐扩大过程中，实现由露天开采向地下开采的转接过渡，为此，将这种过渡方式称为露天地下楔形转接过渡模式，简称楔形转接模式。

楔形转接模式，消除了境界矿柱的困扰，同时挂帮矿可用诱导冒落法高效开采，底部矿量可用露天陡帮开采方式延深开采，从而为过渡期露天与地下同时高效开采奠定了基础。

总之，传统的境界矿柱过渡模式，在时间与空间上都存在制约高效开采的弊端，保障境界矿柱稳定对地下采矿方法的限制、境界矿柱隔断矿体开采连续性对露天地下开采效率的制约以及境界矿柱的高难度回采，往往不可避免地造成过渡期安全生产条件差与产量衔接困难。现用境界矿柱+覆盖层的过渡方式，挂帮矿体存在因保护境界矿柱而造成的开采效率低及人工形成覆盖层工艺迟滞下部矿体开采等问题，致使坑底矿体不能露天与地下同时开采，仍然没有降低过渡期产量衔接的难度。为从根本上解决过渡期安全生产条件差与产量衔接困难的难题，需寻求取消境界矿柱以及人工形成覆盖层的工艺，充分释放露天与地下的采矿生产能力。本书提出的楔形转接过渡模式，完全取消境界矿柱以及人工形成覆盖层的工艺，将挂帮矿诱导冒落法开采技术与露天底部矿量陡帮延深开采技术有机结合，在释放露天与地下的采矿生产能力的同时，使露天地下同时生产的时空得以大幅度拓展，为解决过渡期产量衔接困难与安全生产条件差的难题开辟了新途径。

3 过渡期边坡岩移协同控制方法

3.1 边坡岩移危害与控制原理

露天转地下开采过渡期为露天与地下同时生产时期，采用楔形转接过渡模式，露天采场与地下采场相毗邻，为保障露天地下生产安全，地下开采引起的露天边坡岩移不能危害到露天采场的生产安全。为此，需要针对过渡期地下开采引起边坡岩移的特点，研究边坡岩移致灾机理，确定岩移危害的控制方法。

3.1.1 边坡岩移危害

边坡的无控制岩移往往会给企业带来巨大的损害。例如，1973年，铜陵有色公司铜官山铜矿露天转入地下开采后，用深孔崩落回采地下矿房间柱，由于露天边坡未处理，导致露天边坡发生陷落移动，造成地下较大面积的矿柱错动，其范围长达250m，严重影响了生产的正常进行。湖北省远安县盐池河磷矿，在边坡下部开挖磷矿层，采用全面放顶的地压管理方法，使上覆山体形成了与地下采空区范围相对应的地面切割裂缝。1980年6月3日，海拔高度839m的鹰嘴崖沿裂缝突然发生塌滑，滑体从700m标高处俯冲到500m标高的谷地。在山谷中乱石块覆盖面积南北长560m，东西宽400m，石块加泥土厚度30m，崩塌堆积的体积共100万立方米。崩落的最大岩块有2700多吨重。顷刻之间，盐池河上筑起一座高达38m的堤坝，构成了一座天然湖泊。仅仅用了16s，乱石块把磷矿的五层大楼掀倒，摧毁了矿务局机关的全部建筑和坑口设施，造成284人死亡，经济损失达几千万元。1983年7月白银折腰山铜矿采场东北帮岩体大滑坡（约100万立方米），使地下工程遭到破坏，巷道产生严重错动裂缝。

上述边坡岩移危害，可归结为因边坡失稳而突然发生大规模滑坡，冲击露天坑底和地下采场，造成安全生产事故。此外，在露天转地下过渡期，边坡岩移还可能引起运输线路的中断，使露天生产受到严重影响，甚至被迫停产。

为避免与控制边坡岩移危害，以往的方法主要是控制边坡的稳定性，控制的方法主要有锚索加固、削坡卸载、导水疏干、砌筑挡墙等，每种方法都费时费力。如 2012 年 7 月 1 日司家营铁矿一期露天采场东北部边坡扒豆山段发生崩塌滑坡后，采取两项技术措施：(1) 对已经滑坡部位，在滑坡体上部出现的近似垂直，甚至是反坡部位，从边坡上部按边坡角 35°～40°进行削坡处理，待滑坡体全部滑下后，再适当清理散落块石并砌筑挡石墙，墙高 1.5～2m，宽 1m，防止滑坡体表面滚石滑落；(2) 对出现裂缝或滑坡的南部边坡，进行削坡处理，防止该部位出现滑坡。这种保障边坡稳定性的方法，不仅费时费力，而且限制挂帮矿体的开采时间或开采效率，降低了过渡期的产能。为最大限度地解决过渡期高效开采难题，就需要允许边坡发生岩移，但需严格控制边坡岩移危害，为此需要从根本上改变挂帮矿体的开采方法。

3.1.2 挂帮矿开采方法与边坡岩移控制原理

在露天转地下开采的过渡期，挂帮矿通常为地下首采对象，其矿体属于露天开采后的境界外矿体。露天坑的上大下小形状，通常决定了挂帮矿的空间形状为上部较小下部较大。为使地下尽早达到设计生产能力，挂帮矿开采的时间越早越好。

通常挂帮矿采空区跨度达到一定值时，顶板围岩便会发生冒落，当冒落高度通达地表时，露天边帮陷落，引起边坡岩移发生。一旦边坡滚石或散体滑入露天采场，便将危及露天作业的安全，这是以往保障露天边坡稳定性的理论依据。实际上，在塌陷坑形成过程中或形成之后，露天边坡所发生的岩体滑移能否影响到露天坑底部的正常生产，取决于岩体滑移的方向。而地表岩体的滑移方向，主要受地下采空区的陷落条件及其引起地表塌陷坑的几何条件控制。当塌陷引发的岩移波及不到露天边坡的保护区域，且塌陷坑能够完整容纳滑移的边坡岩体时，则可用塌陷坑本身接收边坡滑落的岩体，从而控制边坡岩体的滑移方向，使所有脱离母体的边坡散体都被引向塌陷坑，而不波及露天坑底的回采工作面，这样的边坡岩移，将影响不到露天生产工作面。

由此可见，在露天转地下过渡期，为保障挂帮矿地下开采与坑底矿露天开采的生产安全，除了常规的控制边坡岩体的稳定性之外，也可允许边坡岩体发生陷落与滑移，但控制边坡滑移的方向，使其指向塌陷坑而不冲向露天坑底。后者可以更好地保障露天采场的生产安全。

3.2 边坡岩移协同控制方法

根据挂帮矿地下开采及边坡岩移的特点，结合露天转地下过渡期的生产条件，挂帮矿地下开采引起的露天边坡岩移危害的控制方法，可归结为如下三个方面：其一，控制露天边坡岩移的进程；其二，控制边坡岩体陷落与滑移的方向；其三，设置必要的露天拦截工程。

3.2.1 岩移进程控制方法

在挂帮矿开采中，为保护露天运输线路在某一时间不中断，往往需要控制边坡岩移的进程，为此需要研究挂帮矿地下开采引起边坡岩移的机理。在边坡之下形成采空区后，采空区拱顶围岩的受力关系如图 3-1 所示。为便于计算，简化为平面问题，由图 3-1 中的关系计算可得顶板单位面积上岩体所受压力 T 与采空区半跨度 l 的近似函数关系式：

$$T = \frac{\gamma l^2}{h}\left(\frac{H}{2} + \frac{l}{3}\tan\alpha\right) \tag{3-1}$$

式中 T——顶板岩体单位面积上承受的压力，t；

γ——上覆岩层容重，t/m^2（平面问题）；

h——空区高度，m；

H——空区顶板最小埋深，m；

α——露天边坡角，(°)。

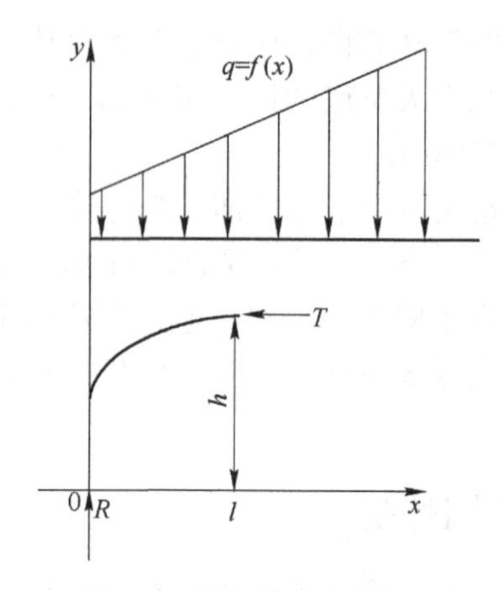

图 3-1　平衡拱受力分析图

式（3-1）可用于计算临界冒落跨度，计算方法是：将上覆岩层容重 γ、空区高度 h、空区顶板埋深 H 与上覆围岩单位面积上的极限抗压力 T 代入式（3-1），反求 l，由此得出临界冒落跨度值 $2l$。

式（3-1）也可用于估算持续冒落跨度。理论研究与生产实践表明，当采空区冒落高度达到地表弱化层（包括地表第四纪岩层与风化层）时，对应的采空区跨度，可视为临界持续冒落跨度。因此，在式（3-1）中，令 h 等于采空区底板至地表弱化层的高差值，反求得出的 $2l$ 值，便可作为持续冒落跨度的估算值。

实际生产中，还可由临界冒落跨度值估算持续冒落跨度，统计得出，在目前生产范围内，挂帮矿持续冒落跨度为临界冒落跨度的 1.25~1.65 倍。

为便于控制边帮岩体的冒落进程和提高生产能力，可将诱导工程布置在矿体厚度大于 $1.65 \times 2l = 3.3l$ 的标高位置，回采时完整崩透进路之间的矿柱，形成连续采空区，诱导上部矿石与围岩自然冒落。冒落的矿石在下面分段回采时逐步回收，冒落的岩石留于采场形成覆盖岩层，满足其下无底柱分段崩落法正常生产需要。

在诱导工程回采过程中，通过控制连续采空区跨度控制顶板围岩的冒落进程，进而控制边坡冒落时间，即待边坡允许冒落时再使采空区冒透地表。诱导工程宜靠近挂帮矿下部布置，其下留有 1~2

个分段的接收条件，这样既有利于控制空区冒透地表的时间，又有利于增大诱导冒落的矿石层高度，增大开采强度与降低生产成本，并可使冒落矿石得到充分回收。

3.2.2 边坡岩移塌陷与滑移方向控制

露天边坡的陷落与滑移运动可能分次发生，也可能接续顺次发生，主要取决于边坡岩体的稳固条件。由于受开采卸荷与爆破震动的双重影响，一般边坡岩体的稳定性较差，陷落与滑移连续进行的可能性较大。在塌陷坑形成过程中与形成之后，塌落与滑移的散体，不允许越过塌陷坑而冲落于露天坑底，危害露天生产安全。因此要求边坡塌陷坑的深度与容积足够大，能够完整容纳边坡滑移而入的散体。为此，在开采挂帮矿时，除考虑临界冒落跨度外，还需综合考虑回采量与滑落量的数值关系。在垂直边坡的剖面图上，回采区与滑移区的位置关系见图 3-2，图中阴影部分为边坡滑落散体的最大堆存区，黑粗线圈出部分为滑落区。

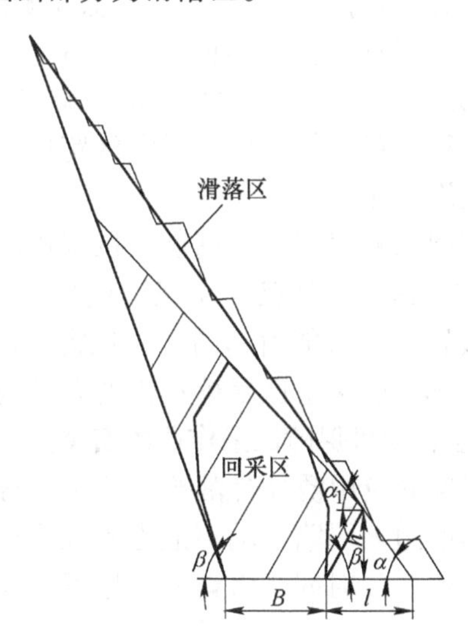

图 3-2 回采区与滑落区位置关系示意图

根据最大堆存区的散体容量需大于滑落区散体量方可控制岩移

危害的要求，可推算出回采面积 $S_回$ 需满足如下公式：

$$S_回 > \frac{1}{2}\left[\frac{(B+l)^2}{\cot\alpha - \cot\beta} - \frac{l^2}{\cot\alpha + \cot\beta}\right] - \frac{1}{2\eta}\left\{\frac{[(B+l) - l\nabla]^2}{\cot\alpha_1 - \cot\beta} + \frac{2(B+l)l - (1+\nabla)l^2}{\cot\alpha + \cot\beta}\right\} \quad (3\text{-}2)$$

$$\nabla = \frac{\cot\alpha - \cot\beta}{\cot\alpha + \cot\beta}$$

式中　α——露天边坡角，(°)；

α_1——滑落散体坡面角，(°)；

β——矿岩滑移角，(°)；

B——回采宽度，m；

l——保安矿柱宽度，m；

η——矿岩碎胀系数。

由式（3-2）分析可知，所需回采面积 $S_回$ 最小值随着保安矿柱宽度 l 的增大而非线性减小，这一关系表明保安矿柱宽度 l 存在最优值。实际生产中，可根据矿体剖面面积按图 3-2 关系确定出保安矿柱宽度 l 与 $S_回$ 的数值关系，再根据可采面积确定出 l 的最优值。一般情况下，回采面积的最小值应保障采空区跨度大于矿岩临界冒落跨度，以促使边坡围岩如期冒落。

通过协调地下回采顺序与落矿高度，控制边坡岩移的方向，使其指向塌陷坑方向。这一方法已在小汪沟铁矿取得成功（图 3-3），完全可以防治边坡冒落时可能引起的岩移危害。在此条件下，位于露天坑底部位的矿体，受采空区冒落冲击的条件与挂帮矿一样，留 3.0m 厚的散体垫层，便可保障回采作业的安全。

分析表明，研发的应用诱导冒落技术控制挂帮矿地采岩移的新方法，使地采引起的边坡塌陷活动不危害露天生产安全，从而可延长露天与地下同时生产的时间，为露天转地下平稳或增产过渡提供技术保障。

3.2.3　露天拦截工程

在边坡塌陷坑形成之前，受地下采动影响，边坡表层危石有可

图 3-3　小汪沟铁矿边帮岩移控制结果

能滚落于露天坑底；此外，对于高陡边坡，当地下开采受矿体赋存条件限制、诱导冒落工程所形成的地下采空区的容量不够大而使边坡塌陷坑不足以存放上部岩移散体总量时，剩余的岩移散体将越过塌陷坑而继续下滑。这两种情况下发生的边坡岩移，都有可能冲击坑底露天采场。为防治这些岩移危害，就需要在露天采场外的适宜位置设置拦截工程，将滚石或滑移散体阻挡在露天采场之外。为此，需要进行露天边坡滚石试验，根据边坡滚石试验结果，在露天坑底部位置最低台阶上，按一定的安全距离设置废石防护坝（图 3-4），防护坝体之下与外侧（靠边坡一侧）的矿石后续由地下开采。

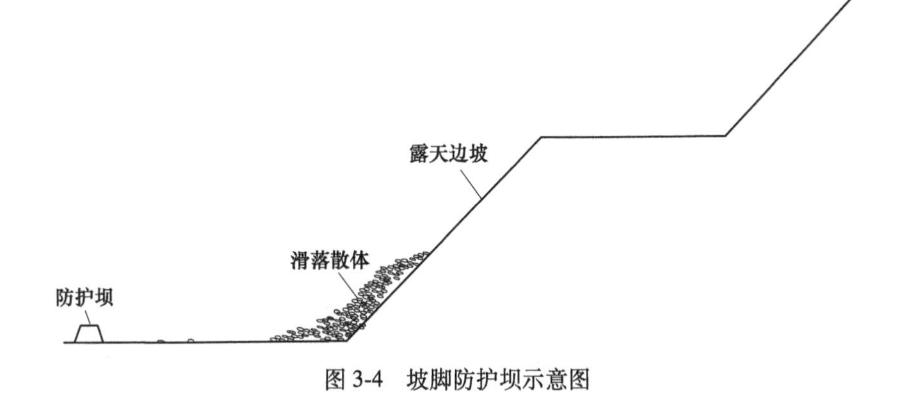

图 3-4　坡脚防护坝示意图

总之，在露天转地下的过渡期，边坡岩移是干扰露天地下同时生产的重要因素，常规的控制边坡岩体稳定性的方法，不仅费用较高，而且限制挂帮矿体的开采时间与开采效率，降低过渡期的产能。为此，可采取允许边坡岩移、通过控制岩移方向保障露天生产安全的岩移控制方法，通过调整挂帮矿诱导工程的回采顺序与回采高度，使采空区在适宜位置冒透地表时形成足够大的塌陷坑，完整吸收边坡滑落散体，便可有效控制边坡岩移的方向。为防治边坡塌陷坑形成时与形成后的边坡岩移危害，需按式（3-2）计算的回采面积确定采空区规模；为防治采矿扰动下的边坡滚石危害，需根据边坡滚石试验结果，设立辅助拦截工程，以确保露天生产安全。

通过控制边坡滑落方向来控制岩移危害的方法，可大幅度改善过渡期的生产安全条件，并可从根本上缓和露天与地下生产的制约关系，在此基础上，可按露天与地下开采工艺的优势对比，优化露天延深开采的细部境界，以便取得最佳的开采效果。

4 过渡期开采境界细部优化

对于露天转地下开采的金属矿山，过渡期优化露天境界的目的，主要是为了能够合理利用露天开采与地下开采各自工艺的特长，实现露天转地下平稳而高效的过渡，使露天开采和地下开采的总效益最大化。

一般说来，在露天开采的末期，随着露天开采境界的延深和扩大，露天可采储量增加，但剥离岩石量也相应地增大，矿石开采成本增加，开采效益降低，由此造成露天开采优势降低。然而，随着采深的增大，地下开采优势渐显，在某一深度下，矿石地下开采成本将低于该深度的露天开采成本，同时地下开采的生产能力也将高于深凹露天开采的生产能力。以露天与地下开采优势为基础优化后的露天开采境界，即为露天转地下最优开采境界。在露天转地下的过渡期，露天最优开采境界的确定极为重要。如果露天开采境界确定得过小，则露天开采的年限短，不能充分发挥露天开采的优势；如果最终境界确定得过大，则需要剥离的岩石量增大，排土运距增大，使一部分矿石的开采成本高于地下开采成本，矿山生产能力也达不到最佳，造成企业的经济效益下降。因此，合理地确定露天转地下的开采境界，使露天生产效率和地下生产效率达到最优，对矿山企业的运营与发展意义重大。

为合理确定露天转地下过渡期的开采境界，既需要在露天开采末期就做好境界优化工作，又需要结合矿山露天转地下开采时的技术经济条件，以及露天地下开采的工艺技术进展，对已经优化的露天开采境界进行进一步的细部优化。

4.1 细部优化的原则

在露天地下楔形转接过渡模式中，露天开采至某一深度后，不扩帮或局部扩展下盘帮坡继续延深开采。在矿体下盘侧，一直开采到可采矿体宽度仅能满足露天开采最小工作面宽度要求时为止；在矿体上盘侧，原则上不再扩帮，按矿体稳定性和露天地下开采便利条件，确定向下开采的边坡角。在这种过渡模式中，可将地下开始回采挂帮矿到露天采场全部结束这一生产期间，称为露天转地下的过渡期。在过渡期内，矿床开采的特点是：露天开采境界内的露天坑底部矿量，地下开采挂帮矿量，露天与地下同时自上向下开采，其中露天开采范围逐渐减小，地下开采范围逐渐增大，最终露天采场结束，全部矿体都用地下开采。为增大过渡期产能，在矿体上盘侧露天开采留下的挂帮矿量，宜用地下诱导冒落法开采。此外，在过渡期间，露天与地下同时生产时间的长短因开采境界而异，两者开采境界划分是否合理，也直接影响过渡期的生产安全、矿石产量与生产成本等。为取得最佳的开采效果，还需针对露天与地下高效开采的工艺技术与高效开采条件，确定开采境界的细部优化方法。

大体说来，在剥岩量较小时，露天开采具有生产能力大、工艺简单、矿石回采指标好、生产成本低等优点，在不扩帮或局部少量扩帮的条件下，延深开采露天坑底部矿体时，应充分利用露天开采工艺的这一优势，尽可能扩大露天开采范围。为此，对于延深开采的每一台阶，无论台阶高度多大，在保证安全的条件下，都应做到露天开采范围的最大化。在露天延深开采中，应实施陡帮开采，在平面上，尽量扩大露天采区的宽度；在立面上，尽可能扩大露天延深开采的深度，由此增大过渡期露天开采的矿石量，并延长露天地下协同开采的时间。

应用诱导冒落法开采挂帮矿，当诱导工程的位置一定时，挂帮矿的宽度与高度越大，越有利于地下回收。这是因为，地下诱导工程的回采宽度大，可以灵活选择首采区域的位置，有利于控制上部矿岩的冒落形式及上部边坡的岩移方向，也有利于加速冒落进程；同时，诱导冒落矿石层的高度大，有利于提高生产效率，由此可加快地下生产能力的增长速度。因此，矿体厚度越大，越有利于挂帮矿的诱导冒落开采。当矿体厚度一定时，在矿体上盘侧的露天边坡角决定挂帮矿体的大小，如果上盘边坡角过小，则露天开采的深度小，挂帮矿可供诱导冒落的高度小，由此将导致地下生产效率低，露天地下同时开采的时间短，使过渡期产能降低；如果上盘边坡角过大，边坡岩移方向控制困难，不利于安全生产。因此，上盘边坡角存在最优值。对于矿岩中等稳定的金属矿山，一般上盘边坡角的最优值变化于35°~46°之间。

此外，对于正常回采分段的境界矿石，诱导工程的采空区跨度较大时，有利于改善地压破碎矿石的条件以及境界矿石的冒落环境，并可减小其冒落过程中的矿岩混杂，降低矿石贫化率。因此，从地下开采条件分析，在保障边坡岩移危害控制可靠性的前提下，适当增大上盘边坡角，有利于增大地下生产能力与改善境界矿石的回采指标。

总之，在露天转地下的过渡期，其开采境界的划分对露天与地下安全高效开采的影响重大，露天开采境界过小，则露天开采的服务年限短，挂帮矿可供诱导冒落的高度变小，露天地下开采工艺优势将得不到充分发挥，矿石回采的技术经济指标恶化；而露天开采境界过大，则造成边坡角过大，露天生产安全条件差。为此，需根据矿体条件及矿山生产现状，综合考虑露天与地下高效开采的便利条件，确定合理的露天地下开采境界。

根据上述分析，从充分利用露天地下高效开采的工艺优势和安全高效开采条件出发，露天地下开采境界细部优化工作，应遵循如下四项原则：

第一，生产安全。在划分露天地下境界时，首先要考虑露天地下同时生产的安全，在制定开采界线与开采方案中，需要确保边坡岩移危害与爆破震动危害均得到有效控制。

第二，矿石回采指标好。境界划分后，应使境界矿体得到良好回采，矿石回采率高，贫化率低。

第三，生产能力大。划分后的露天地下开采境界，应便于露天、地下高效开采，有利于露天与地下总生产能力的提高。

第四，矿石生产成本低。露天生产成本主要取决于剥岩量、生产效率与运输成本，地下开采成本主要取决于诱导冒落矿石层高度、采场结构参数、采准进度、回采强度、出矿运输成本等。当矿山产量一定时，矿石生产成本越低，经济效益越好。

上述四条原则中，矿山生产能力不仅与矿石生产成本有着直接的联系，而且与高效开采技术密切相关。一般来说，在露天不扩帮或少量局部扩帮的条件下延深开采矿体时，开采范围越大，生产效率越高，吨矿成本越低；地下应用诱导冒落法开采挂帮矿，诱导冒落的矿石层高度越大，生产效率越高，吨矿成本越低。

为更好地优化过渡期露天地下开采的细部境界，首先需要构建过渡期露天地下的高效开采方案，结合高效开采需求，确定细部境界的优化方法。

4.2 过渡期露天与地下高效开采需求

4.2.1 露天延深高效开采技术

在露天地下楔形转接的过渡模式中，露天开采的范围越来越小，电铲占用面积较大，不再适用于此时露天的延深开采，而挖掘机是一占用面积小，具有前进、后退、旋转、举升、下降、挖掘、液压锤破、吸附等功能的一种机动灵活的矿山机械，可挖掘高于或低于承机面的物料，并装入运输车辆或卸至堆料场。利用挖掘机可使露天最小工作面宽度的限制大为降低（图 4-1）。以西钢集团灯塔矿业公司小汪沟铁矿为例，该矿在露天转地下过渡期，采用 C450-8 型斗容 2.5m^3的挖掘机装载，用欧曼 290 型卡车运输（实际载重 40t），卡车采取空车在较宽部位调头的运输方式，回采工作面的最小宽度仅为 20m。

用挖掘机进行装载作业，可减小最小工作面宽度，有利于露天延深开采。在楔形转接过渡模式中，通常在安全允许条件下，露天延深越大，与地下同时开采的时间就越长，露天地下总产量就越大。在边坡角一定时，露天采场采至最大深度的状态是，露天坑底以最小工作面宽度降落到矿体下盘的边界线上（图 4-2）。按此条件计算，减小最小工作面宽度，可增大露天采场的延深量为：

$$\Delta h = \frac{\Delta L}{\cot\beta_1 + \cot\beta_2} \tag{4-1}$$

式中 ΔL——最小工作面宽度的减小值，m；

β_1，β_2——露天延深开采部位的上、下盘边坡角，(°)。

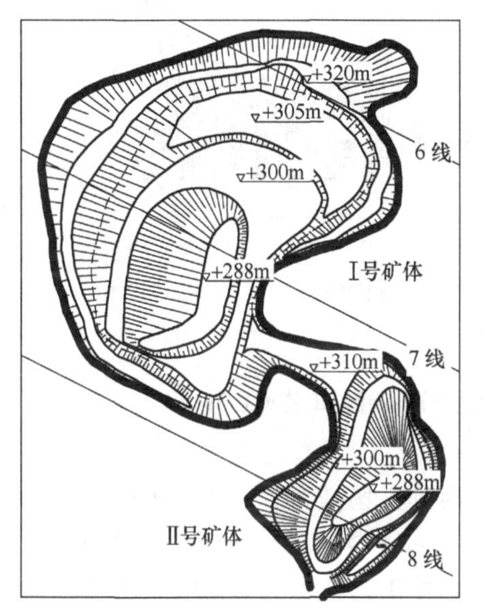

图 4-1 小汪沟铁矿挖掘机延深开采

一般露天延深开采的最下一个或几个台阶，可取用较大的边坡角，此时如果减小最小工作面宽度，可显著增大露天可采深度。小汪沟铁矿最下台阶的边坡角为60°，按$\beta_1=\beta_2=60°$计算，当露天最小工作面宽度由常规的40m减小到20m（$\Delta L=20$m）时，露天坑延深的增大量达17.32m。

接近露天坑底的最后2~3个台阶，由于位置紧靠矿体下盘，采后存放废石，对下部矿体回采时的放矿影响较小，这部分矿体可以在回采过程中向采后的露天矿回填废石，以减小延深开采的废石外运量，同时保障边坡坡底的稳定性。为此，这部分矿体可应用横采内排技术提高边坡角，以增大采出量，降低开采成本(图4-2)。

横采内排是露天矿深部开采中的一种经济高效工艺技术，该技

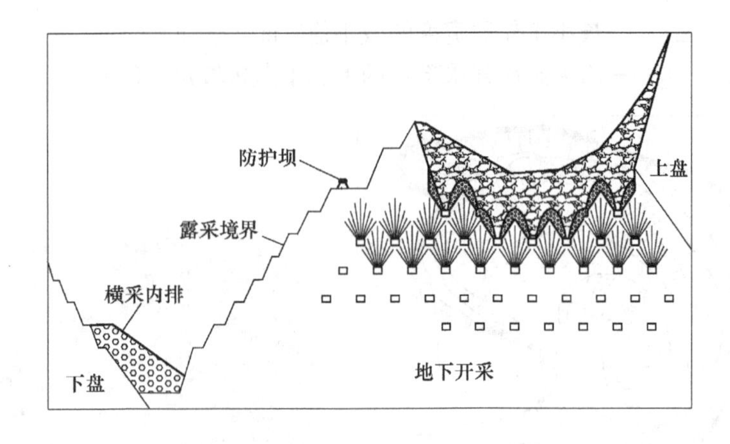

图 4-2　过渡期露天地下高效开采工艺示意图

术横向布置工作线、走向推进、内排土场排弃。采场沿走向位置的选择，要求能够快速降至露天矿底部境界标高，过渡工程量小、实现内排早、易于生产接续。横采内排工艺技术的具体实施需根据矿体的赋存条件、露天坑开采现状（包括采坑形状、坑底位置、标高和工作帮各部位的到界程度），并充分考虑实现横采内排的便利性。国内已有不少矿山成功实施横采内排工艺技术解决产量衔接等生产问题，如依兰露天矿将露天采场分为三区，采用横采内排开采技术，解决了生产接续问题。2010 年中煤龙化矿业有限公司露天煤矿应用分区陡帮横采内排技术，将最终帮坡角由 32°提高到 45°，保障了正常生产。

总之，利用挖掘机进行装载作业、中小型卡车进行运输，减小露天延深开采的最小工作面宽度，同时，采用横采内排技术，增大下部台阶（台阶数根据矿体稳定性和回填废石对下部矿体回采放矿影响等因素综合确定）的境界边坡角，由此可形成露天延深的高效开采技术。

4.2.2　挂帮矿诱导冒落法高效开采技术

在露天地下楔形转接的过渡模式中，挂帮矿应用诱导冒落法开采。诱导冒落法是将矿岩可冒性与无底柱分段崩落法回采工艺有机结合的产物，其诱导工程及其下部的回采接收工程，均采用无底柱分段崩落法的回采工艺，生产安全与矿石回采指标的控制方法等，也与无底柱分段崩落法相同。因此，诱导冒落法又被称为诱导冒落与强制崩落相结合的无底柱高效采矿方法。

无底柱分段崩落法从进路端部口放出矿石，在垂直进路的方向上，出矿口的间距等于进路的间距。进路间距越大，出矿结束时每两条进路之间存留的矿石脊部残留体越大。受脊部残留体影响，放出体形态与采场结构关系如图 4-3 所示，放出体体积仅有一小部分位于出矿分段，绝大部分位于上一分段。这表明上一分段矿量的绝大部分需在下一分段回收，这种特征称之为“转段回收”。

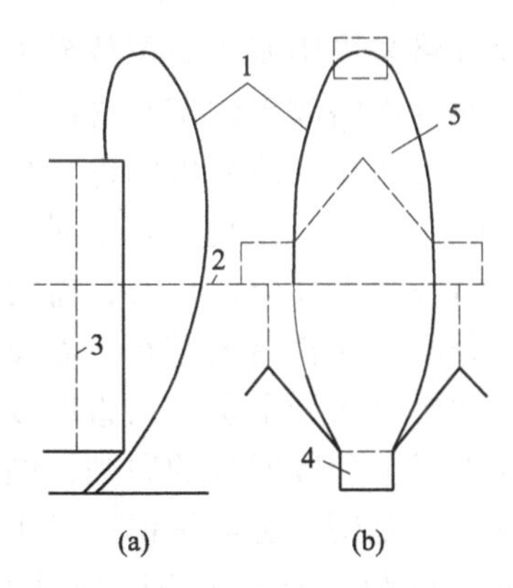

图 4-3 无底柱分段崩落法放出体与采场结构关系
(a) 沿进路方向；(b) 垂直进路方向
1—放出体；2—分段界线；3—崩矿炮孔排位；
4—回采进路；5—脊部残留体

从“转段回收”特性可知，采场内的残留矿量，可在下一分段回收。在具备转入下一分段回收的条件下，采场残留矿石层的高度不受限制。但在矿体下盘或底部的采场边界部位，脊部残留体不再具备转入下一分段回收的条件，将变成下盘损失（图 4-4）。

为降低矿石损失率，需将最下层进路（称为回收进路）布置在

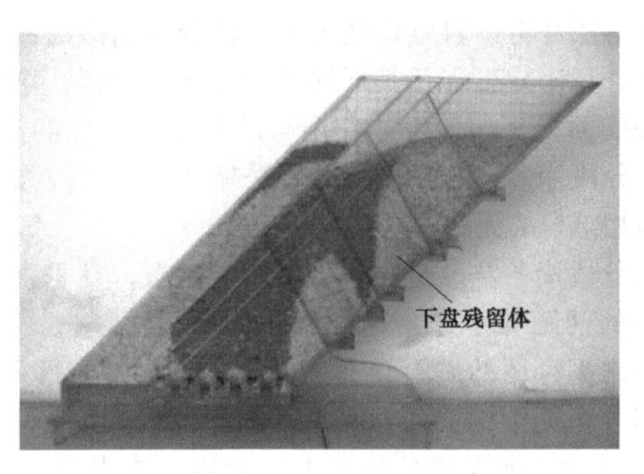

图 4-4　崩落法下盘损失

底板围岩里，而且该进路需采用截止品位放矿方式，以便尽可能多地放出矿石。由于从回收进路放出的矿石含废石量较多，矿石贫化率较大，生产中需用正常回采进路采出的低贫化矿石中和品位。此外，从矿石回收条件分析，由于无底柱分段崩落法菱形布置回采进路，第一分段回采进路底板上存留的矿石，需要在第三分段得到充分回收，因此在第一分段诱导冒落的矿石，需要其下有两个以上分段进行充分回收，这就要求在开采矿的铅直厚度上，保障布置三个以上分段，即按不少于三个分段回采的原则，确定无底柱分段崩落法的分段高度与适宜开采范围。也就是说，对于铅直厚度较小的矿体，需按三个分段回采原则，确定无底柱分段崩落法的分段高度；对于铅直厚度较大的矿体，在保证三分段回采原则的条件下，应尽可能加大采场结构参数与诱导冒落矿石层的高度，以提高开采效率。

根据上述原则，结合矿体条件构建诱导冒落法开采方案，可使符合可冒性要求的矿体得到安全高效开采。国内邯邢冶金矿山管理局北洺河铁矿与马钢集团和睦山铁矿的生产实践，充分证明了这一点。

北洺河铁矿为接触交代矽卡岩型磁铁矿床，接近顶底板围岩的矿体松软破碎稳固性较差，在矿体内部稳固性变好。为增大开采强度和提高采准工程的稳定性，采用东北大学首次提出的诱导冒落法开采方案，将第一分段进路设置在比较稳固的矿体里，利用第一分段进路回采提供的空间诱导上部矿石与顶板围岩自然冒落；在正常回采区采用较大的采场结构参数，以提高落矿效率与控制采场地压；在矿体底板设置加密进路，回收底部残留体（图 4-5）。这一方案在北洺河铁矿-50m 中段实施后，采准系数由原来的 3.6m/kt 减小到 2.2m/kt，在软破矿体中，采准工程实现了 100%的利用率，由此大大提高了生产能力，在比较复杂的地质与水文地质条件下，使矿山在 2002 年按期建成投产，且比设计提前 1 年达产（180 万吨/年）。以往我国大型地下铁矿山从投产到达产的时间一般为 5~8 年，北洺河铁矿由于采用大结构参数诱导冒落法开采，投产后 1 年零 7 个月即达产，由此开创了我国地下铁矿山快速达产之先河。

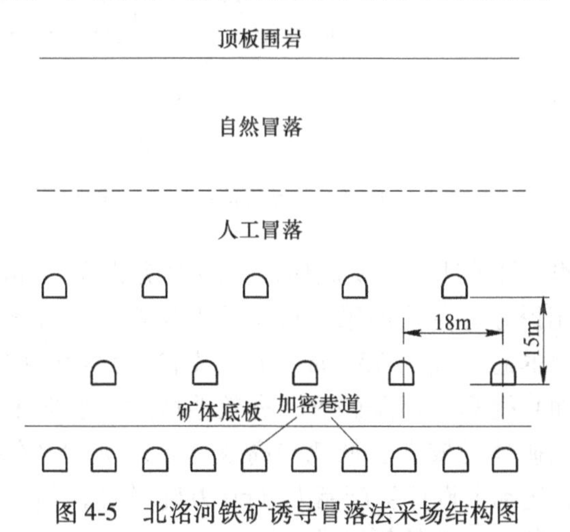

图 4-5 北洺河铁矿诱导冒落法采场结构图

此外，马钢集团和睦山铁矿为解决破碎难采矿体的开采难题，采用东北大学提出的上、下双工作面平行推进的诱导冒落法开采方案（图 4-6），也取得了良好的开采效果。该矿下位工作面的首采分段为-150m 分段，利用该分段回采提供的连续采空区诱导上方软破矿石自然冒落，诱导冒落矿石层的最大高度约为 60m，这些冒落的矿石在上位工作面的下盘短进路以及下位工作面-162.5m 与-175m 分段回采中逐步接收。

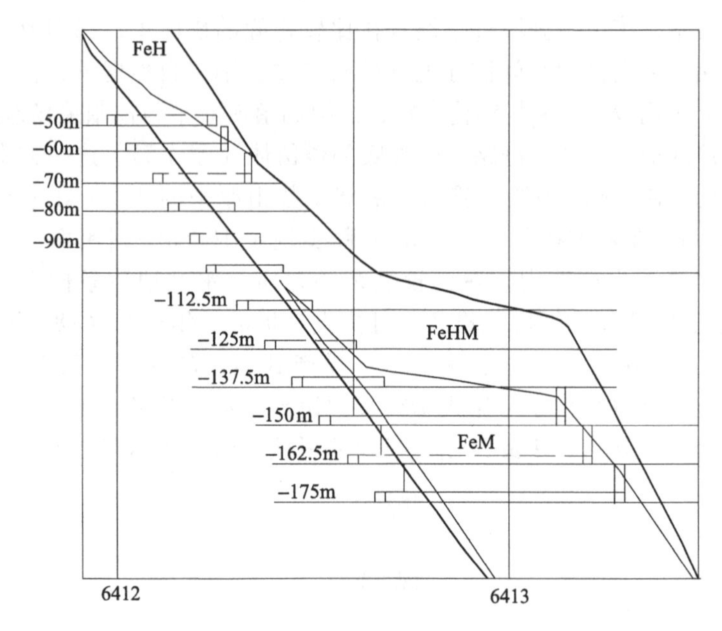

图 4-6　双工作面回采诱导冒落法实施方案示意图

图 4-6 诱导冒落法方案实施后，和睦山铁矿从-50m 到-172.5m 分段之间，用诱导冒落法回采矿量总计 170 万吨，由此节省切割工程与回采进路的总长度为 7380m，不仅节省了大量的掘进、凿岩与爆破费用，而且提高了回采强度，有效地增大了前期生产能力，实现了软破难采矿体的安全、低耗与高效开采，使矿山在投产的当年（2009 年）即达到了设计生产能力（60 万吨/年），创造了破碎难采铁矿体投产当年即达产的新纪录。

总之，结合矿体条件，按不小于三分段回采原则和尽可能增大诱导冒落矿石层高度的方法开采挂帮矿，可构成挂帮矿诱导冒落法高效开采技术。

4.3　开采境界细部优化方法

为延长露天采场服务年限，许多金属矿山采用露天开采境界优化的方法，不同程度地加大露天开采深度，如本钢的南芬铁矿矿体分3块从境界内向外延伸，北部自-45m延伸至-175m，南部自-75m延伸至-210m，下部自-165m露天底向下延伸至-217m。马钢南山铁矿西北帮挂帮矿实施扩大境界开采，露天底以下采用延伸开采最低水平，使得境界外矿石得以回收，延长了南山矿露天开采年限等。

在露天地下联合开采矿山，通常利用不确定区域动态规划和优化方法，确定露天开采的最终境界，以此减少矿床开采的风险，使联合开采矿床总效益最好。由于矿产品的市场价格和成本等经济条件反过来对境界的设计有重要影响，经济条件的不确定性使境界设计具有风险，为最大限度地降低矿山项目的投资风险，国际上早在30年前就应用优化原理和境界分析确定最佳境界，并广泛采用分期开采。国内外20世纪80~90年代出现了许多优化方法，最常用的是经过各种改进的浮锥法和图论法，近年多用SURPAC等三维地质矿业软件和采用LG图论法，基于三维数字矿山模型对露天采场进行境界优化。

无论用哪一方法确定的开采境界，经过露天末期的一定开采时间，等进入到转地下开采的过渡期时，随着采矿技术的进步与矿产品价格的复杂变化，起初得出的最优边界，总会发生这样那样的变化。为此，到露天转地下开采时，对事先已经优化的境界还需要进行细部优化。

细部优化的方法是：对开采境界附近的每一矿体或矿体的每一部位，分别进行地下与露天两种高效开采方案设计，对比各方案的技术经济指标，比选出最佳方案。在此基础上，综合考虑开采的难易程度以及最佳方案下的矿石安全回采指标等，按上述四项原则（生产安全、矿石回采指标好、生产能力大与生产成本低），优选露天或地下的最佳方案，由此确定出露天与地下开采的最佳境界。

为使过渡期露天地下产能最大化，一般需要在原设计的露天最终境界的基础上进行细部优化，得出最佳境界，具体优化步骤如下：

第一步，选取过渡期露天最终边坡角。露天最终边坡角的选取就矿体的上、下盘边坡角分别考虑，上盘边坡角不仅要考虑露天生产期间的边坡稳定性，而且要考虑挂帮矿采用诱导冒落法开采所需的便利条件，尤其是便于控制露天边坡的岩移方向，一般上盘边坡角不应大于50°。下盘边坡角，从安全角度考虑，通常由两个途径选取：一是参照类似矿山实际资料选定，并用已有的资料对边坡稳定性进行初步分析和简要计算；二是进行岩石力学实验研究，利用边坡稳定型计算软件处理得出边坡角推荐值，调整选用。

第二步，确定露天开采深度和坑底宽度。按露采在下地采在上的楔形转接模式，露天开采深度的确定需考虑便于挂帮矿诱导冒落开采所需的高度和首采分段的采空区跨度，坑底宽度则需满足露天横采内排开采方式下利用挖掘机装载的最小工作面宽度要求。

第三步，设计细部开采方案。对开采境界附近的每一矿体或矿体的每一部位，分别进行地下与露天两种高效开采方案设计。

第四步，圈定细部境界。按技术经济指标，比选出最佳方案，同时综合考虑开采的难易程度以及最佳方案下的矿石安全回采指标等，按生产安全、矿石回采指标好、生产能力大与生产成本低四项原则，优选出露天或地下的最佳方案，按最佳方案确定出露天与地下开采的细部境界。

第五步，绘制优化后的开采终了平面图，得出最佳境界，用于生产。

经过细部优化后，过渡期露天开采境界内的矿量一般显著增大，使露天开采的时间得以延长，而且可使境界矿量得到经济高效开采，实现境界资源开采效益的最大化。以小汪沟铁矿为例，该矿露天转地下过渡期开采缓倾斜中厚矿体，原设计露天开采境界最低标高为+300m，+300m以下矿体全部转入地下应用无底柱分段崩落法开采。由于矿体的倾角与侧伏角均小，如此划分境界，使得6~8线之间一些露天境界外的浅部矿量与孤立边角矿体，地下开采的采准系数过大、矿石损失大，而且不容易形成覆盖层，安全生产条件差。为此，本着安全生产、回采指标、矿石产能与经济效益最优化的原则，对露天开采境界进行了细部优化，将露天坑底由+300m优化到+288m水平（图4-7），从而使不便于地下开采的浅部矿量得到了充分回采。露天开采境界的细部优化，使露天采场开采矿量增大28万吨，由此延长露天服务年限7个月，结果在矿体规模小、露天转地下减产或停产衔接的条件下，实现了大幅度增产衔接。

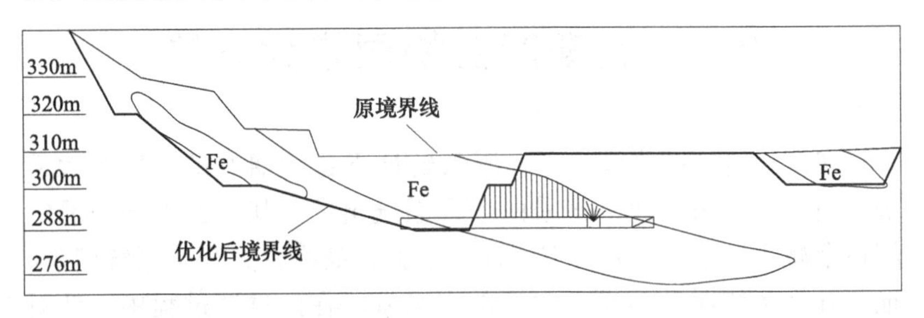

图4-7　小汪沟铁矿露天境界优化前后对比图（7.33线剖面）

总之，在露天转地下开采的金属矿山，露天与地下开采境界直接影响过渡期的生产安全、矿石产量与生产成本等。为合理确定露天转地下过渡期的开采境界，既需要在露天开采末期做好境界优化工作，又需要结合露天转地下开采时的技术经济条件，以及露天地下开采的工艺技术进展，对已经优化的露天开采境界进一步细部优化。从充分利用露天地下高效开采的工艺优势和安全高效开采条件出发，露天地下开采细部境界的优化原则确定为生产安全、矿石回采指标好、生产能力大和成本低四项原则。而露天地下楔形转接过渡模式中，可基于挖掘机装载-中型卡车运转-横采内排工艺，构造露天延深的高效开采技术；基于诱导冒落-大结构参数强制崩落-不小于三分段回采原则，构造挂帮矿体的地下诱导冒落法高效开采技术。在此基础上，根据矿体形态与实际生产条件，设计出露天地下高效开采方案，再基于最佳方案下露天地下综合回采指标与开采便利条件的比选择优，确定出露天地下开采的细部境界。

生产实践表明，露天地下开采境界的细部优化方法，不仅可实现境界资源开采效益的最大化，而且可显著增大露天开采矿量，延长露天地下协同开采的时间，在楔形转接过渡模式下，为过渡期产能的协同增大提供优化空间。

5 过渡期产能协同增大方法

在楔形转接过渡模式下，露天转地下过渡期的矿石生产大系统，由露天开采与地下开采两个子系统组成，其中露天开采的空间逐渐减小，地下开采的空间逐渐增大，最终露天开采系统消失，地下开采系统跃升为矿石生产的大系统。在此过渡过程中，针对露天开采境界内底部矿量、地下开采境界外挂帮矿量的协同开采模式，研究过渡期露天与地下开采系统的相互影响与相互协作关系，分析影响矿石产能的控制因素，充分利用露天与地下生产系统之间的协同作用，拓展露天地下同时开采的时间与空间，便可大幅度增大过渡期的矿石生产能力，实现露天转地下平稳过渡或增产衔接。

在楔形过渡模式下的过渡期，总产能的大小，取决于地下与露天产能的增减变化幅度。改进回采工艺技术提高地下产能的增长幅度，同时优化露采工艺减缓露天产能的降低速率，是增大过渡期产能的理想方法。

5.1 过渡期地下产能快速增大方法

5.1.1 制约地下产能的主要因素

通常，挂帮矿为露天转地下开采过渡期的地下首采对象，挂帮矿的空间形状呈上部较小下部较大，其矿体通常高达几十米甚至数百米。采用诱导冒落法开采方案（图 5-1），由诱导工程将其上部矿岩诱导冒落，冒落的矿石在下部崩落回收区逐步回收。

崩落回收区的采场回采工作主要包括装药爆破、采场通风与出矿三个工序，采用每日三班工作制，通常每一崩矿步距的装药爆破占用一个班的时间，爆破后通风一个班，才能进行出矿。每一分段每一采场布置一台出矿设备，采场生产能力为：

$$Q_c = T_A \frac{n}{n+2} \qquad (5\text{-}1)$$

式中　Q_c——采场生产能力，t/d；

n——每一崩矿步距的出矿班数，装药爆破与通风计 2 个班，$n/(n+2)$ 为采场出矿时间利用系数；

T_A——设备出矿能力，t/d。

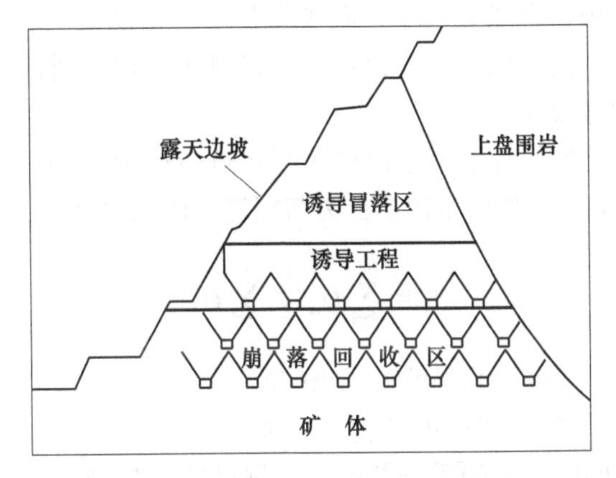

图 5-1　挂帮矿诱导冒落法开采示意图

在实际生产中，当采场的尺寸与矿石散体的流动性一定时，一般每班出矿的铲斗数相差无几，即设备出矿能力可取为定值。在此条件下，由式（5-1）计算的 Q_c 随 n 的变化关系见图 5-2，可见采场

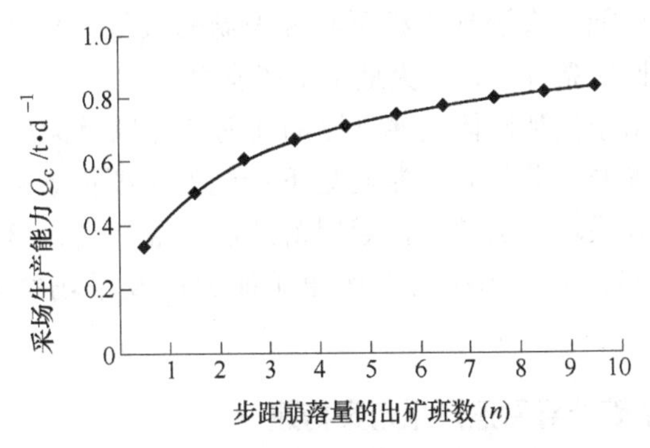

图 5-2　采场生产能力随步距崩落量出矿班数的变化关系

生产能力随每一崩矿步距的出矿班数的增大而增大。这就是说，在出矿设备的出矿能力一定时，步距可放矿量成为制约地下产能的另一重要因素，步距可放出矿量越大，出矿时间越长，采场生产能力就越大。为此，在矿体条件与开采设备允许时，应尽可能增大采场结构参数，以增大步距出矿量。

采用诱导冒落法开采，一般诱导冒落分段的出矿量较小，出矿时间短，采场生产能力较小，而接收分段（即图 5-1 中崩落回收分段）的矿石层高度较大，步距可放出矿量大，出矿时间较长，随之采场生产能力较大。

地下采出矿量等于回采出矿量与掘进带矿量之和，总生产能力 A_i 即可表示为各采场回采出矿能力与掘进带矿能力之和：

$$A_i = \sum_{i=1}^{m} Q_{ci} + \sum_{j=1}^{k} Q_{dj} \tag{5-2}$$

式中　Q_{ci}——第 i 个采场的回采出矿能力；

　　Q_{dj}——第 j 个采场的掘进带矿能力。

可见，同时生产的采场数越多，掘进带矿量越大，地下生产能力就越大。采用诱导冒落法开采挂帮矿，在图 5-1 所示的崩落回收区，矿体从上往下回采，下一分段回采工作面一般需要滞后于上一分段回采工作面 8~10m 的安全距离。受此限制，首采分段可布置采场数量的多少，对生产能力影响很大。为此，需合理选择诱导工程的位置，尽可能增大诱导工程可布置采场的数量，并且要尽早形成多分段同时回采条件，以增大地下生产能力。

总之，由于挂帮矿体上薄下厚的几何特点以及无底柱分段崩落自上向下回采的工艺特点，制约地下产能的主要因素可归结为：诱导工程可布置采场的数量，诱导冒落的矿石层高度，形成多分段同时回采的时间，采场出矿设备的出矿能力以及采场结构参数的大小等。

5.1.2　挂帮矿诱导冒落开采方案构建

过渡期地下开采的挂帮矿，在露天开采卸荷与爆破振动的作用下，矿岩结构弱面进一步发育、扩张，从而使矿岩强度弱化易于冒落，且其水平面积呈上小下大。为增大诱导工程可布置采场的数量和诱导冒落的矿石层高度，需要结合矿床条件，合理构建诱导冒落法开采方案。

为合理构建诱导冒落法开采方案，需要在岩体稳定性分级的基础上，进一步分析矿岩的可冒性。首先，根据岩体完整性系数、岩体抗压强度与地质结构等分析确定岩体的冒落线形状，据此确定岩体的临界冒落跨度与持续冒落跨度；其次，根据冒落线形状与岩体结构，运用工程类比法确定岩体冒落过程，并根据顶板围岩冒落的机理，研究冒落形式的控制方法。

一般挂帮矿体节理裂隙发育，但块体的抗压强度较高，即属于矿岩节理裂隙发育的硬岩条件。工程实践表明，这类岩石可借助岩体力学中的拱形破坏理论分析岩体冒落过程。大体说来，此时采空区顶板岩体的冒落过程应经历初始冒落、持续冒落、大冒落与侧向崩落四个阶段。空区顶板冒落过程如图 5-3 所示。

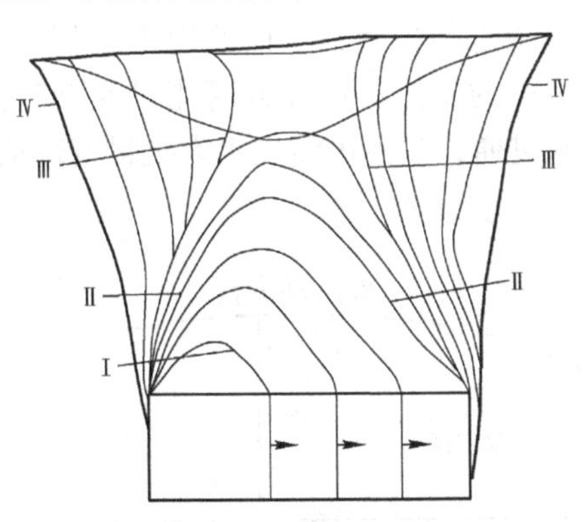

图 5-3 空区顶板岩体冒落过程示意图

Ⅰ—初始冒落（第Ⅰ）阶段；Ⅱ—持续冒落（第Ⅱ）阶段；
Ⅲ—大冒落（第Ⅲ）阶段；Ⅳ—侧向崩落（第Ⅳ）阶段

一般说来，初始冒落阶段Ⅰ、持续冒落阶段Ⅱ与大冒落阶段Ⅲ，三者冒落过程可分阶段进行，也可不间断地接续进行，还可同时进行，主要取决于空区顶板的岩性条件与应力条件。在不分阶段的大规模冒落中，气浪的冲击力巨大。岩体冒落控制的理想效果是，加速顶板开始冒落时间与减缓初始冒落强度，使空区顶板悬而不冒的时间减小到最短，将空区顶板岩体的冒落量化整为零，使整个冒落过程按上述四个阶段逐段进行。

岩体冒落形式按一次冒落量的大小划分可分为三种：零星冒落、批量冒落与大规模冒落。一般来说，在初始冒落中，零星冒落的危害最小，往往可在附近作业人员不知不觉中实现安全冒落；大规模冒落的危害最大，若防范措施不当常常造成采场严重破坏，甚至气浪伤人等重大安全事故。

研究表明，空区顶板围岩的初始冒落形式，与顶板有无冒落能量的积蓄条件紧密相关。如图 5-4 所示，在一个达到临界冒落跨度的采空区里，如果没有矿柱支撑，空区顶板受拉变形，当表层岩块之间的联系不足以克服自身重力时，块体便会脱离母岩自然掉落，从而呈现出单块断续掉落的零星冒落形式。而当有矿柱支撑时，顶板围岩的变形量与冒落过程受阻，但矿柱的支撑强度又不足以限制顶板围岩微裂纹的产生与扩展，从而使得不到释放的冒落能量积蓄起来。一旦失去矿柱的支撑，这种冒落能量便会突然释放，使矿柱上方的微裂隙迅速贯通，从而可能发生大批量冒落或大规模冒落。

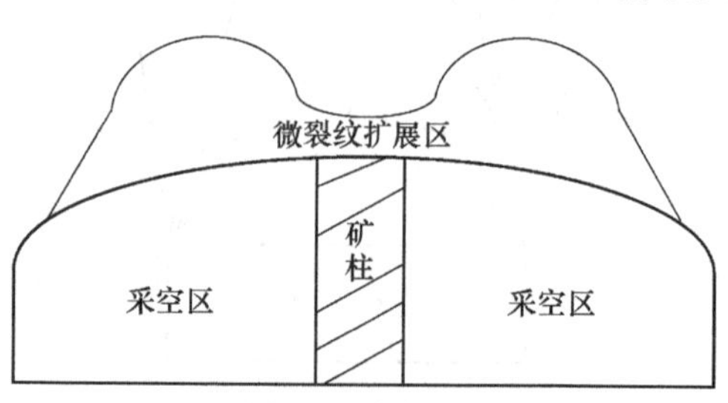

图 5-4　矿柱支撑使顶板积蓄冒落能量

在地下开采的金属矿山中，采空区长时间悬而不冒，一旦冒落就发生大规模冒落的例子很多，如东川矿务局烂泥坪矿白锡腊矿区，采空区面积约 4000m^2，顶板暴露达 4. 5 年后，于 1979 年 8 月突然发生冒落，一次冒落面积达 2400m^2，冒落形成的气浪将运输巷内处于刹车状态的挂 5 个空矿车的 3t 电机车冲出 120m 远，掉道后才停下来；将平硐口 8kW 局扇推动滚出平硐口约 7m。此外，西石门铁矿中区 110m 分段，采用从矿体边缘向大空区退采的回采顺序，当回采工作面即将越过大空区边缘时，于 1998 年 11 月 1 日 9 时发生批量冒落，将在场 3 人安全帽吹出 10 余米远，他们的头脸挂满粉尘，耳朵嗡嗡作响 3 天后才恢复正常。

分析这些矿山的初始冒落条件，无一例外地均可归结为矿柱积蓄冒落能量。上述的烂泥坪矿白锡腊矿区的大规模冒落现象，具有一定的典型性。该矿应用留不规则矿柱的空场法开采，由于矿柱的支撑，采空区长时间悬而不冒，由此积蓄了大量的冒落能量，最终矿柱变形失稳时，顶板所积蓄的冒落能突然释放，于是造成了大规模冒落。此外，西石门铁矿中区的冒落事故，也是因矿柱（新老空区交界部位）支撑空区积蓄能量而导致采空区较大规模冒落的事故。由此可见，为确保采空区在初始冒落阶段按零星冒落形式自然冒落，必须消除空区内的矿柱，及时释放顶板围岩的冒落能，为此需要合理设置诱导工程，用足够大的连续采空区诱导上覆矿岩自然冒落。

根据挂帮矿的几何特点，诱导工程应布置在回采面积较大、位置较低的分段，保证其下有 1~2 个分段接收冒落矿石。为此，可采用图 5-5 所示的采场结构，利用前面所述临界冒落跨度的计算式(3-1)，并结合具体条件分析确定持续冒落跨度：当诱导工程的回采跨度不小于矿岩持续冒落跨度时，利用诱导工程的连续回采空间诱导上部矿岩自然冒落；当诱导工程的回采跨度小于矿岩持续冒落跨度时，增大诱导工程的分段数，利用多个分段诱导工程的回采空间诱导矿岩自然冒落，此时在回采工作面需要留下一定厚度（一般 3~5m）的散体垫层，以防治采空区顶板围岩的冒落冲击。

应用诱导冒落法开采挂帮矿的主要优点：一是节省落矿工程，降低采准系数，将人力物力更多地用于矿石的直接生产，有利于降低生产成本与提高产量；二是增大了矿石层高度，冒落矿石堆积高度可达数个分段的崩落矿石高度，从而能够大幅度地提高采场出矿强度；三是能够较好地适应上小下大的挂帮矿体几何特性与近边坡矿岩稳定性差的特点，将首采分段（诱导工程）布置在水平面积较大、稳定性较好的挂帮矿体的下部，同时生产的采场数多，采准工

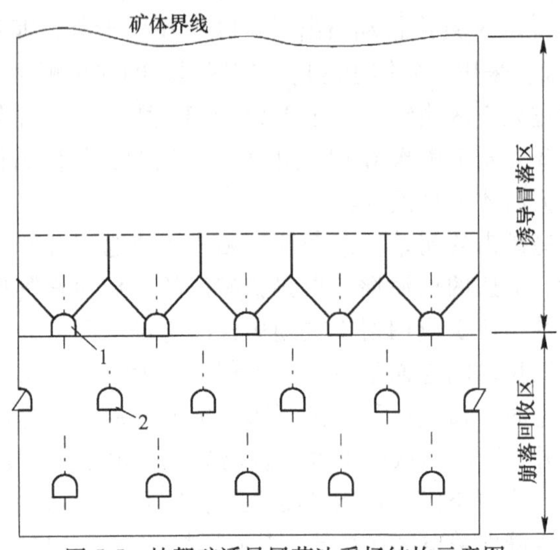

图 5-5　挂帮矿诱导冒落法采场结构示意图

1—诱导工程；2—回采巷道

程的可靠性好，有利于提高生产能力；四是诱导冒落法便于调整回采顺序与回采高度来控制边坡岩移的方向，使其避开或背离露天采场，从而避免边坡岩移对露天采场的威胁，并可通过控制诱导工程的回采跨度来推迟地下开采对露天边坡扰动的时间。因此，挂帮矿诱导冒落法开采具有低成本、高效率、生产能力大、安全条件好等突出优点，结合矿床条件构建诱导冒落法开采方案，不失为挂帮矿优选采矿方法的最佳途径。

5.1.3　挂帮矿开采时间与诱导工程位置确定方法

在楔形转接过渡模式中，合理确定挂帮矿体的开采时间，对于过渡期产能衔接至关重要。为提高开采效率，挂帮矿体地下开采需与露天开采保持良好的协同关系，为此，需要在露天开采细部境界确定之后，根据露天开采进度确定挂帮矿体的开采时间。大体说来，在水平投影面上，露天与地下开采范围分界于防护坝，该防护坝宜设置在楔面中部附近的台阶上（图 5-6）。在时间上，可以形成防护坝为节点，分析确定挂帮矿体的开采时间。一般说来，在露天回采工作面下降到防护坝水平之后，当推进到距离边坡坡底 40~60m 的位置时，就可用废石堆筑防护坝。在防护坝形成之后，地下应具备正常的大规模回采条件，其中诱导工程的回采跨度应能够诱导顶板矿岩冒落到足够的高度，并使下一分段具备回采条件。按此要求，根据挂帮矿开拓、采准、凿岩工程量及其施工速度，以及诱导工程回采到临界冒落跨度所需时间，便可向前推算出挂帮矿体的合理的开采时间。

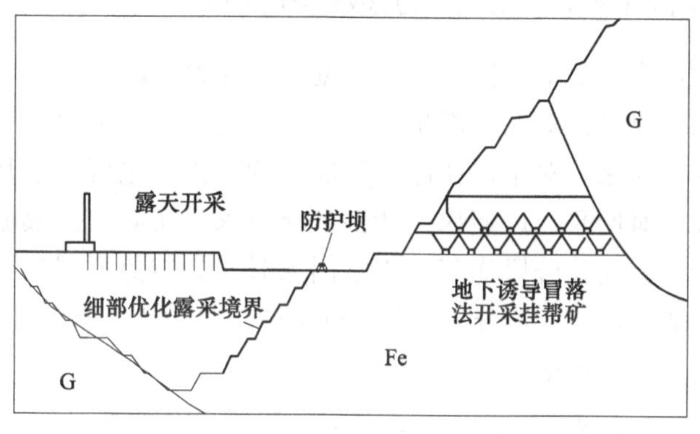

图 5-6 挂帮矿开采时间确定方法示意图

诱导工程的主要功能是诱导上部矿岩自然冒落，虽然可以放出一部分矿石，但为了保障生产安全，一般不允许出空端部口，此时放出量通常不超过崩矿量的 50%，而且由于诱导工程在首采分段，没有挤压爆破条件，一般爆破参数取值较小，回采效率较低。当诱导工程的连续回采跨度足够大时，上覆矿岩充分冒落，之后回采第二分段时，矿石层高度等于崩落矿石高度与冒落矿石高度的总和，矿石层高度增大了，每一步距的放出量增多，采场出矿能力才可快速增大。在诱导工程回采时，如上所述，还需要通过调整回采顺序与回采高度，来控制边坡岩移的方向，使其指向塌陷坑，而不影响边坡下方露天采场的生产安全。当诱导矿石层高度较大时，有时需要利用第二分段的回采高度来满足采空区总高度要求，从尽早形成高强度出矿能力方面分析，诱导工程的回采时间越早越好，只要控制采空区跨度，使顶板矿岩冒落扰动到地表的时间，不早于防护坝形成的时间即可。

由于挂帮矿上窄下宽的特点，诱导工程的位置越低，矿体回采面积就越大，诱导冒落的矿石层高度就越大，随之生产能力就越大。为此，诱导工程应布置在挂帮矿体内标高较低的位置，利用其连续回采面积形成足够大的采空区，诱导上部矿岩自然冒落，冒落的矿石在下部1~2个分段高强度回收即可。

5.1.4 崩落回收区同时生产分段数的确定方法

为快速增大地下产能，在矿体宽度条件允许时，一般可保持两个分段同时出矿，即在上部矿岩诱导冒落后，诱导工程与第二分段进路可同时回采。对于矿体厚度足够大的矿山，也可三个甚至三个以上分段同时回采，以便快速达到产能要求。实际上，根据国内外生产经验，无底柱分段崩落法正常回采时，为避免不同工序的相互干扰，一般需保持4个分段同时进行生产，其中2个分段出矿，1个分段凿岩，1个分段采准（图5-7）。

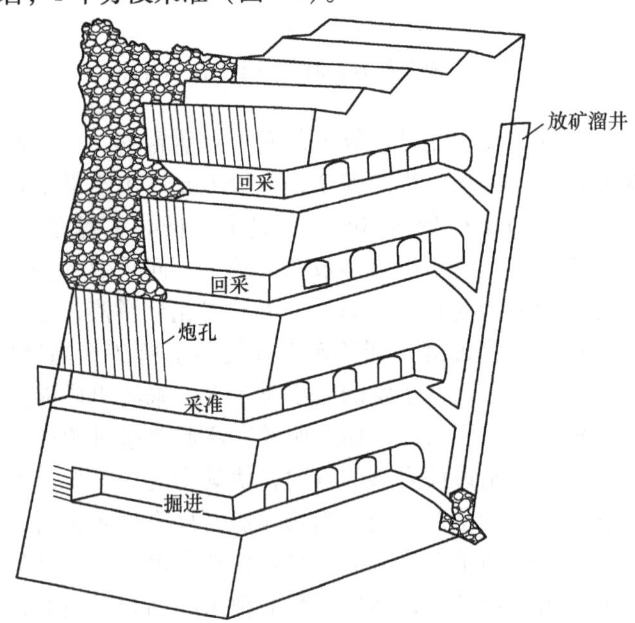

图5-7　无底柱分段崩落法高强度开采模式示意图

在覆盖层形成之后，根据国内的生产经验，下分段滞后上分段回采的最小距离，可取为 8~10m。位于诱导工程之下的第二分段，是诱导冒落矿石的主要接收分段，其采场生产能力较大，投入回采的时间越早、同时回采的采场数目越多，产能增长的速度就越快。为此，待该分段在具备覆盖层条件或足够高度的冒落矿石条件时，其接收冒落矿石区域的凿岩工作应全部完成，使之不受干扰地投入高强度回采。

从第三分段开始，分段凿岩与出矿工作应保持常态的接续关系，即在第二分段回采结束之前，完成第三分段的凿岩工作；在第三分段完成凿岩之前，完成第四分段的采准工作。

通常将完成采切工程的矿石储量称为采准储量，将完成凿岩工程的矿石储量称为备采储量。上述以分段为单元进行采准与凿岩的生产组织方式，意味着采准储量至少超过备采储量一个分段的矿量。对于挂帮矿体分段开采的矿石储量，随着开采分段的下降而增大，随之分段内的采准储量与备采储量，都随开采分段的下降而增大，这就要求采准储量与备采储量的形成速度大于消耗速度。

在图 5-1 所示的挂帮矿诱导冒落法开采条件下，在回采的初期，备采储量不仅需要较大的补给速度以维持生产的持续进行，而且需要较大的增长速度以满足产能的快速增长需求。具体说来，在诱导工程与其下接收工程具备回采条件后，应立即投入回采，并尽可能快速增大产能，为此，需要备采储量及时形成并快速增大，因为从诱导工程的以采场为单元的组织生产方式过渡到第三分段开始的以分段为单元的组织生产方式，需要将备采储量从采场矿量扩大到分段矿量，这就需要适时大量投入凿岩工程，在挂帮矿初始开采条件下，一般需要 2 个分段同时凿岩，以满足备采储量的扩大速度需求。

备采储量是由采准储量通过凿岩转化而来的，备采储量的快速扩大需要以足够大的采准储量为基础。在挂帮矿开采条件下，最初通常需要三个分段同时采准，才能满足采准储量的快速增大需求。同时，三分段同时进行采准，也有利于探采结合与回采工程位置的优化，有利于避免采准工程的浪费与降低回采过程中的矿石损失与贫化。也就是说，为满足挂帮矿产量快速增大的要求，采用诱导冒落法开采，开采初期需 3 个分段同时采准，最终形成 2 个分段出矿、1 个分段凿岩、1 个分段采准的生产组织形式。

5.2　过渡期露天产能延续方法

挂帮矿采用诱导冒落法开采，大大降低了对露天采场的干扰程度，同时，当挂帮矿采用措施工程开拓时，措施工程运出的掘进带矿与前期地下回采矿石，可视为对露天采场出矿量的补充。但措施工程的施工与运输，也会或多或少影响到露天采场的正常生产。为此，需要统筹制定露天采掘进度规划，协调露天地下的生产安排。

首先，露天生产中，应将挂帮矿措施工程的施工视为露天开拓工程，通过合理安排回采进度计划，创造措施工程的尽早施工条件；其次，优先开采靠近地下开采区域的露天矿量，尽可能增大地下开采的时间与空间；第三，及时释放受地下采动影响的矿量，保障地下产能的快速增长速度；第四，当地下矿石的运输影响到露天矿石运输时，按下一步总产能的保障需要，确定优先运输地下矿石还是露天矿石。

露天产能的接续，主要靠陡帮开采。露天不扩帮或少扩帮延深开采，剩下挂帮矿地下诱导冒落法开采，在水平方向工作面缩小的过程中，在高度方向上增大回采台阶的个数，以此维持或提高露天产能。

近年一些矿山，如小汪沟铁矿与海南铁矿等，本着露天地下开采时空最大化和可持续产能最大化的原则，协同露天地下产能的增减关系，同时解决露天与地下同时开采的相关工艺技术，在露天转地下减产过渡的条件下，实现了增产过渡。

总之，在露天转地下过渡期，生产产能的大小主要取决于地下产能增大与露天产能减小的变化幅度，增大过渡期产能需改进回采工艺技术，以提高地下产能的增长幅度与优化露采工艺减缓露天产能的降低速率。通过研究过渡期露天与地下开采系统的相互影响与相互协作关系，分析影响矿石产量的控制因素，制定出充分利用露天地下开采工艺优势的协同开采方案，拓展露天地下同时开采的时间与空间，应是增大过渡期矿石生产能力的最佳途径。挂帮矿在露天开采卸荷与爆破振动的作用下，岩体弱面与裂隙进一步发育、扩张甚至破坏，可冒性好，宜选用诱导冒落法开采。采用诱导冒落法开采挂帮矿，不仅可增大首采分段的回采面积，节省大量落矿工程，大幅提高挂帮矿的地下生产能力，而且可通过调整回采顺序与回采高度控制边坡岩移避开或背离露天采场，大大降低对露天采场的干扰程度。而合理选择诱导工程的位置，尽可能增大可布置采场的数量与诱导冒落矿石层高度，崩落回收区采用大结构参数无底柱分段崩落法回采，尽早形成多分段回采条件，是快速增大地下产能的基础。

此外，为实现过渡期产能的最优化，还需要根据过渡期产能协同增长需求，协同布置露天与地下的开拓系统。

6 过渡期开拓系统的协同布置

6.1 开拓协同布置的原则

为综合利用露天和地下两种工艺优点高效开采过渡期矿体，需要协同布置露天与地下的开拓工程。协同布置的原则必须符合矿山企业建设和生产要求，节约劳动力，便利施工，加快建设速度；在生产运营中，能以最合理的流程、最少的劳动，取得最大的工效，达到高效率、低成本的生产目的。

按上述原则，在露天与地下开采设计中，需要针对矿床与实际生产条件，统筹考虑开拓系统的互用性。在实际生产中，大型露天矿一般采用分期开采方式，在露天开采的末期，开拓系统的布置，不仅要考虑矿岩运输安全高效，而且要考虑运输线路尽可能少占用空间，尤其是不占用地下首采区域的地表空间，保障地下开采的便利条件；同时，在露天转地下开采设计时，地下开拓系统的布置，不仅要考虑利用露天现有工程减小地下的开拓工程量，而且要考虑利用露天坑开掘措施工程加快地下开拓与采准的进程；此外，还要满足充分发挥露天地下开采优势的需求，处理好露天与地下开拓系统使用中的协同关系，有效延长过渡期露天地下同时生产的时间，保障过渡期的稳产与增产衔接。

6.2 协同布置方法

6.2.1 露天开拓系统的协同布置

据统计分析，在大型深凹露天矿，传统的汽车、铁路及其联合运输方式，其运输成本占生产总成本的40%~60%，这是因为，在进入深凹开采后，随着开采深度的逐渐下降，运输距离大幅加长，重车上坡比例增大；同时采掘工作线狭小，铁路运输展线受到限制，而重载汽车下坡运行变成重载汽车上坡运行，运输效率降低，致使运输总成本不断增加。此外，传统的汽车、铁路及其联合运输方式，多用螺旋式（迂回式）运输线路，占用露天边坡的空间大，在露天转地下过渡期，导致地下开采需要附加保护露天运输线路的条件，该条件往往迟滞地下开采的时间，或使地下不能选用适宜采矿方法高强度开采，由此严重影响了过渡期的地下生产能力。为此，在深凹露天开采时，尤其是露天开采的末期，需要合理优选开拓运输系统，既要提高矿岩运输效率，控制露天生产成本的增加，又要减小露天边坡的占用空间，及时释放地下开采空间与产能，保障矿山的高效开采与可持续生产。

根据大孤山铁矿的生产经验，普通铁路的爬坡坡度为20‰~25‰，陡坡铁路的爬坡坡度为40‰~50‰，汽车的爬坡坡度为60‰~80‰，而胶带的爬坡坡度可达250‰~280‰。可见，在常用的铁路、汽车与胶带运输中，胶带的爬坡能力最大，运输线路也最短，且对露天边坡的占用空间最小。此外，胶带运岩到排土场后，接续胶带排土工艺，不仅可以提高露天矿排土效率，节省排土费用，而且便于排土向高空发展，节约矿山排土用地，有利于矿区生态环境保护(图6-1)。

图6-1 大孤山铁矿胶带排土现场

胶带运输的上述优点，使其在深凹露天开采中得到了良好应用，汽车—胶带半连续运输系统应运而生，其常用工艺流程为：将采场内爆破的矿石或剥离的岩石，由电铲装入汽车，运至溜井或可移式破碎机组的受料槽翻卸，由重型板式给矿机送至破碎机，破碎后经排料胶带机组给料至固定胶带机，最后将矿石转送至选矿厂入选，将废石转送至排土机排弃。这一高效运输技术，既可发挥汽车运输的机动灵活、适应性强、短途运输经济、有利于强化开采的长处，又可发挥带式输送机运输能力大、爬坡能力强、运营成本低的优势，两者联合可显著提高深凹露天开采的经济效益。故在露天开采末期，根据矿体与露天采场条件，可选用汽车—胶带半连续运输系统的开拓方案，同时人员与设备选用折返式通道出入采场，以此减小开拓运输系统对露天边坡的占用空间，释放地下开采空间。在条件允许时，将矿、岩运输线路与人员设备通道均布置在矿体的下盘侧，以释放整个上盘边坡，如此，在露天转地下过渡期，不仅为其挂帮矿诱导冒落法及时开采提供必要的空间条件，从而将露天对地下生产的干扰降至最低，且可使此开拓系统在过渡期一直存留，为地下开采前期所共用，从而有效解决露天地下开拓系统的协同问题，为露天转地下过渡期高效开采奠定基础。

此外，国外瑞典基鲁纳瓦拉矿深部露天采出矿石通过溜井从地下运出，芬兰皮哈萨尔米矿露天与地下共用破碎站和提升系统[5]；而对于地形复杂、距地表高差较大、坡度较陡的山坡露天矿，常用平硐溜井开拓，如国内的酒泉钢铁（集团）有限责任公司镜铁山铁矿、白银有色金属公司厂坝铅锌矿、河北矿业公司黑山铁矿等。这些矿山在露天转地下开采时，首采中段或几个中段的地下采场，与露天共用同一开拓系统，为露天转地下高效开采提供更大的便利条件。

6.2.2 地下开拓系统的协同布置

地下开拓的基本方式主要有平硐（平巷）、竖井、斜井、斜坡道四种类型。近年露天转地下开采的大型金属矿山，多用竖井+辅助斜坡道开拓方式，有的借助平硐开拓或局部斜坡道开拓方式，解决地下高效开采的临时运输问题。

竖井开拓具有提升速度快、提升能力大且提升费用低的突出优点，因此，无论是急倾斜矿体，还是埋藏较深的水平和缓倾斜矿体，都将竖井开拓作为首选方案。但竖井开拓不仅需要井筒掘进，架设井架，装备罐梁、罐道、声光信号等设施，还需建设复杂的溜破系统、井底车场与阶段运输系统，建设施工工期长，一般需要3~5年的时间，才能建成地下完整的开拓系统。国外露天转地下的时间较长，由竖井开拓系统完成首采矿段的开拓，一般能够满足过渡期产量衔接需要。如典型的基鲁纳铁矿，自1952年开始由露天向地下开采过渡，到1962年全部转入地下开采，经历10年的时间，生产能力由露天的900万吨/年增大到1200万吨/年。国内一般露天转地下的时间较短，地下开拓系统应尽可能在已有露天生产系统的基础上建设，可在充分研究露天矿边坡稳定性的条件下，结合露天开采现状，充分利用露天已有的开拓工程和设备设施来减小地下开拓的工程量、缩短地下开拓工程长度并改善其使用条件，以加快地下开采系统的建设速度和降低投资成本与生产成本。例如斜坡道与通风井等，应优先考虑开掘在露天坑内，此外，还应结合地下首采矿段的生产需要，利用已有的露天运输系统，适当开掘措施工程，提前进行挂帮矿地下采场的采准施工，为快速提高地下生产能力创造条件。

鞍山矿业公司眼前山铁矿利用露天坑开拓平硐工程，对加快挂帮矿体的采准进度、快速增大地下采出矿石量的作用十分重大。眼前山铁矿为鞍山沉积变质矿床，主矿体东西长1600m，南北宽55~194m，延深-600m以下，倾角70°~86°，局部直立。应用露天开采，露天采场上口长1410m，宽570~710m，封闭圈标高为+93m，台阶高度12m，最终露天境界露天底标高-183m。当露天开采最低标高至-141m水平时，开始建设地下开采工程。地下应用大结构参数无底柱分段崩落法开采，分段高度18m，进路间距20m。采用竖井+辅助斜坡道开拓，阶段高度180m，主运输水平设计在-123m、-303m与-501m水平。西端帮矿体为露天转地下过渡期的主采区，矿体位于-183m以上，根据矿体条件、矿岩可冒性与回采便利条件，将无底柱分段崩落法的首采分段设计在+21m水平，以此作为诱导工作，将其上矿体诱导冒落，诱导冒落的矿石，在其下分段回收过程中逐步放出。按分段高度 18m 从+21m 水平开始向下布置每一分段的位置，直至-123m 主运输水平。在-51m 与-123m 水平开掘运输平硐，平硐口均布置在露天宽平台上。+3m、-15m、-33m、-87m、-105m 分段无法与露天运输线路直接相通，设计利用采区斜坡道与采场相连，作为人员、材料、设备通道。采区斜坡道口设置在西端帮+25m 标高处（图 6-2）。

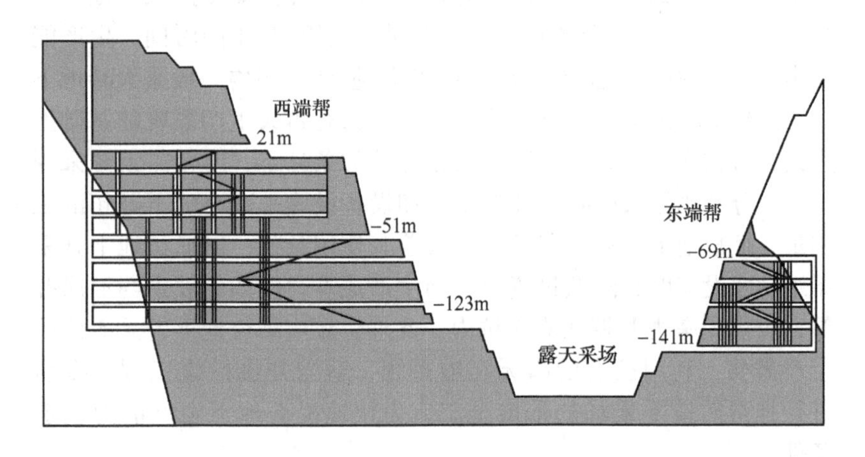

图 6-2 眼前山铁矿端帮矿体的局部平硐开拓系统

采场内矿石利用采区溜井放至运输平硐水平，经振动放矿机将矿石装至地下卡车，由地下卡车将矿石运出地表，再经露天运输线路运至露天矿石倒装场。

东端帮矿体走向长在 100~250m 之间，矿体平均厚度为 150m，平均倾角为 85°。用同样的平硐开拓方法，使其在过渡期投入开采。

眼前山铁矿东、西端帮矿体协同露天开拓系统的局部平硐开拓工程，实现了端帮矿体的提前开采。

6.3 辅助开拓

辅助开拓系统包括废石的运输提升、材料的运送、行人、通风与贮洪排水系统等，辅助开拓系统的协同布置，可有效提高过渡期的开采效率和改善生产安全条件。

（1）废石的运输提升。过渡期首采区域的采准与切割工作面的废石，可由卡车经中段、分段平巷、采区斜坡道、措施平硐等，运至露天采场的运输平台，由露天采场运输线路运至排土场。露天开采结束后，地下生产期间的废石，可由副井提升或斜坡道运输至地表，排至露天坑内。

（2）人员、材料的上下。挂帮矿开采时的人员、材料可经露天运输系统、措施平硐、采区斜坡道等进入地下工作面；深部矿体开采时通过副井、斜坡道上下。条件允许时，将斜坡道通口选择在露天坑内，可有效缩短地下运距。

（3）通风。挂帮矿开采初期可由措施平硐和各分段的边坡通口自然通风，后期采用井下专用进风、回风系统。条件允许时，回风井可布置在露天坑内，以减小井筒掘进工程量与污风对环境的污染。

（4）贮洪排水。露天转地下过渡期，地下采矿可能破坏上部露天开采的截洪沟、防洪堤等防洪设施，增加汇水面积和降雨渗入量等。生产中应根据露天采场与地下采区可利用条件，采取露天地下协同贮洪排水措施，即在露天坑采取引、排、截、堵等排水措施，地下采用排水与贮洪相结合的技术措施，并设置防洪系统，消除水患，保障矿山生产安全。

6.4 措施工程

为缩短地下建设投资的回收期，理想的条件是，地下开拓工程建成时就可达到设计产能。因此，最好地下采准与基建同步进行，即基建一开始就考虑开掘措施工程提前进行采准。对于挂帮矿，采用诱导冒落法开采时，更需要利用露天运输系统开掘措施工程，提前进行开拓、采准与回采工作。措施工程的位置，一般选择在露天采场最低水平的上一台阶，尽可能靠近地下首采中段的主体回采工作面，并便于与地下开拓系统贯通，快速构成通风系统，以快速形成大量采准作业条件。措施工程属于临时工程，不受岩体移动角的限制。根据矿床条件，措施工程可以是一条竖井、一条平硐或一条斜井，从地表施工快速通达矿体。措施工程不仅用于开拓、采准工程的掘进出碴，而且还需用于前期回采矿石的运输。

西钢集团小汪沟铁矿的生产实践表明，开拓措施工程对加快采准进度、快速增大地下采出矿石量的作用十分重大。

小汪沟铁矿为沉积变质磁铁矿床，矿体呈似层状、透镜状产出，倾角一般为40°~25°，厚度一般为5~90m，侧伏角为15°~35°，沿倾向最大延深400m。矿岩节理裂隙比较发育，中等稳定。最终露天开采至+288m水平转入地下开采。地下设计阶段高度60m，+240m分段采用平硐开拓，+240m以下的矿量采用主副竖井开拓。为提高生产能力，小汪沟铁矿按岩体持续冒落面积将矿体分成上、中、下三区同时开采，三区首采分段分别布置在+300m、+240m、+60m水平，采用自落顶、设置回收进路的无底柱分段崩落法开采，其中上位与中位采区，为小汪沟铁矿露天转地下过渡期的主采区。由岩体可冒性分析得出，小汪沟铁矿在+300m分段回采后，采空区将会冒透地表，形成足够厚度的覆盖岩层，可保障下面分段的正常开采。为加快+300m分段以及其下+288m分段的采准进程，在+288m水平，开拓了一条平硐措施工程（图6-3），该平硐措施工程的实施，不仅为提前探矿与采准建立了通道，而且改善了通风条件，将+288m分段与+300m分段的大量采准时间提前了12个月。同时，在中位采区，从+240m运输平硐打一斜坡道，提前开拓+180m中段，由该斜坡道完成+228m、+216m、+204m、+192m与+180m分段的采准与回采工作。中位采区的分段回采面积较小，需利用4个分段的回采空间诱导顶板围岩自然冒落形成足够厚度的散体垫层。该斜坡道工程的实施，保障了+228m至+180m分段采准与回采工作的如期进行，实现了这些分段的快速开采。

采用措施平硐与斜坡道局部开拓措施后，小汪沟铁矿大大提前了上位与中位两个采区的采准时间与回采时间，在露天转地下的过渡期内（2006~2009年），上位采区回采了1.5个分段，中位采区回采了2个分段，有力地支持了露天转地下过渡期的增产衔接（表6-1）。

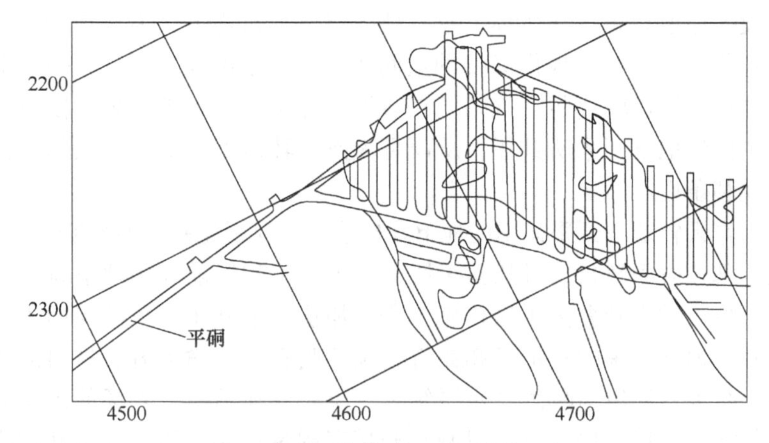

图 6-3 小汪沟铁矿+288m 措施工程

表 6-1 小汪沟露天转地下过渡期生产矿石量统计

年份	露采矿石/t	地采矿石/t		合计/t
		出矿量	采准带矿	
2006	282176.94	0	0	282176.94
2007	502752.60	0	125412.15	628164.75
2008	511597.27	94471.00	299174.77	905243.04
2009	349239.48	473378.76	133973.48	956591.72
总计	1645766.29	567849.76	558560.40	2772176.45

总之，为提高露天转地下的开采效率，需处理好露天、地下开拓系统的协同关系，露天开拓系统布置需考虑矿岩运输安全高效与运输线路的低空间占用；地下开拓系统布置需考虑利用露天现有工程与开掘措施工程，以利于过渡期的稳产或增产衔接。对于深凹露天矿，汽车—胶带半连续运输系统大有发展前景，不仅运输能力大、成本低，而且对露天边坡的占用空间小，容易将矿岩运输线路与人

员设备通道均布置在矿体下盘一侧，释放上盘边坡，为其挂帮矿诱导冒落法及时开采提供必要的空间条件；对于山坡露天矿，平硐溜井开拓系统比较优越，该系统在转地下开采后，可被首采中段或几个中段的地下开采所共用，从而可为露天转地下高效开采提供更大的便利条件。

露天转地下开采矿山的地下开拓系统，现用竖井+斜坡道开拓方案，基建时间较长，可从露天坑开掘平硐工程提前开拓地下首采矿段；也可适当开掘主采区措施工程，加快地下开拓、采准与回采的进程。地下开采的辅助开拓系统，包括废石的运输提升、材料的运送、行人、通风与贮洪排水系统等，应充分利用露天采场的现有条件与露天采场协同布置，以减小开拓工程量；或者从露天坑开掘措施工程，以提高过渡期的开采效率和改善生产安全条件。采用诱导冒落法开采挂帮矿时，更需要利用露天运输系统开掘平硐措施工程，提前进行挂帮矿的开拓、采准与回采工作。

7 覆盖层的形成方法

7.1 覆盖层的作用

露天转地下开采中，覆盖层的作用主要是满足两个方面要求：一是满足地下采矿安全要求，即作为安全垫层，保障回采工作面不受采空区冒落气浪或边坡滑落岩体冲击。在受采空区冒落或边坡滑落威胁时，为保障生产安全，必须形成足够厚度的覆盖层。覆盖层的另一作用，是满足崩落法回采工艺的要求。对于常规无底柱分段崩落法，在正常回采时，侧向挤压爆破、从巷道端部口放出崩落矿石，此时散体覆盖层的作用，一是作为可供挤压的松散介质，二是形成崩落矿石从端部口放出的条件。满足这一需要的覆盖层，可以由废石散体构成，也可以由矿石散体构成。在低贫损开采模式中，主张用矿石覆盖层形成崩落法的正常回采条件，因为这样可以大大减小采出矿石的废石混入量。

废石混入量的大小，对企业采选经济效益影响重大。这是因为混入的废石，不仅需花费地下放矿、运输、提升等费用，而且还需花费选矿处理费用。以海南铁矿为例，该矿为赤铁矿，混入矿石中的废石，需经选厂加工变成尾矿后排走，由于废石不含品位，而尾矿含铁品位高达25%~27%，因此，在采出矿石中，每多混入1t废石，便多产出1.33~1.37t尾矿，随之多带走0.33~0.37t铁金属。废石混入引起的尾矿排放量与铁金属损失量之大，不仅严重损害采选经济效益，而且有害于环境保护。因此，为保护环境与提高采选经济效益，必须严格控制废石混入率。

为降低废石混入率，在优化采场结构参数的同时，还需要优选覆盖层的种类及其形成方法。在海南铁矿条件下，在不影响矿石回采率和采矿效率的前提下，废石混入率越小越好。为此，应尽可能利用矿石作为覆盖层，只对其下没有接收条件、矿石覆盖层不能合理回收的场合，利用废石作为覆盖层，这样可将无底柱分段崩落法的废石混入率降至最低。

7.2　覆盖层对放矿的影响

在放矿过程中覆盖层废石的混入量，与废石的相对块度有关。放矿过程中散体的流动过程，可视为空位在出矿口不断产生和不断上移的过程。如图 7-1 所示，装进铲斗的矿石原来占据的位置，随铲斗的提起而形成空位，上面的块体借重力作用下移递补空位，从而在上层形成新的空位，该新空位又由再上层块体下移递补，依此类推。空位从出矿口向上传递，其上块体接连递补，从而形成了散体的宏观流动。

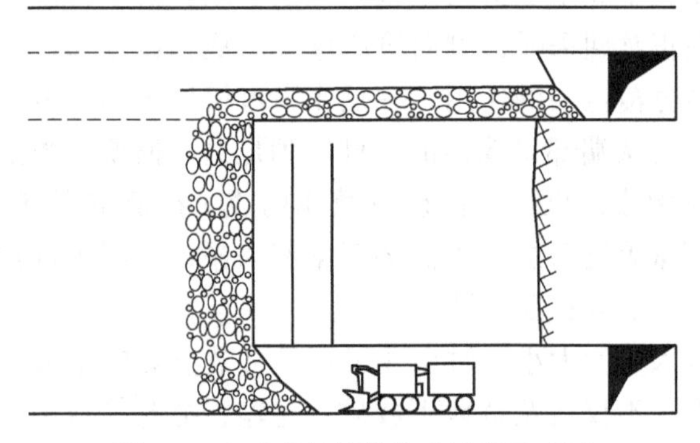

图 7-1　出矿引起散体流动过程示意图

在块体下移递补空位过程中，块度较小者如果有空隙可钻，就有可能优先下移。在放矿引起的散体移动带内，越近出矿口部位，颗粒的移动速度越快，散体的空隙越多；离出矿口越远，颗粒的运动速度越慢，散体的空隙越小。因此，采场内离出矿口较远的部位，小块钻空的概率较小；越近出矿口，小块钻空的概率越大。

由于存在小块钻空现象，覆盖层废石块度的大小，将会影响废石在放矿过程中的混入量，从而影响到矿石的回收指标。

为研究覆盖层块度的影响程度，作者进行了不同废石块度比的放矿模拟实验。实验模型共设 5 个分段，分段高度 10cm，每分段

4~5 条进路，进路间距 10cm，放矿步距 3cm，进路之间呈菱形布置。选用白云岩作为矿石，黑色磁铁矿作为覆岩，矿岩块度比见表 7-1。采用见废石为止的低贫化放矿方式，三种不同覆岩条件下的放矿结果见图 7-2。

表 7-1　实验装填料块度配比

粒级/cm	矿石/%	覆岩/%		
		实验 1	实验 2	实验 3
<0.2	16	1	12	22
0.2~0.4	33	5	38	43
0.4~0.6	28	24	34.5	26
0.6~0.8	15	52	11	8
>0.8	8	18	4.5	1

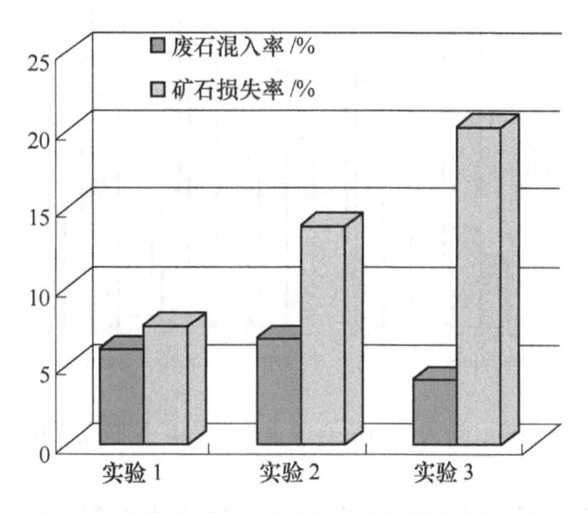

图 7-2　覆岩块度大小与放矿指标的变化关系

由图 7-2 分析可知，虽然矿石块度与放矿控制点均相同，但覆盖层废石块度不同时，矿石损失率相差较大。总的来说，废石块度越大，矿石损失率越低；反之，废石块度越小，矿石损失率越高。而且矿石损失率变动的幅度较大，实验 3 比实验 1 增大了 13 个百分点。此外，由图 7-2 还可看出，采用放到见废石为止的低贫化放矿方式时，随覆盖层废石块度的减小，矿石损失率的增大速度，远远大于废石混入率的减小速度。分析出现图 7-2 现象的原因，是由于不同块度的废石，在出矿口出露的早晚不一。以平均值计算，当废石块度大于矿石块度时，废石滞后到达出矿口；当废石块度与矿石块度相当时，废石块体的移动概率与矿石块体的移动概率相当；而当废石块度小于矿石块度时，废石钻空超前到达出矿口。

鉴于只放出钻空超前到达出矿口的废石导致矿石损失率过大（图 7-2），作者又实验研究了放宽废石混入量限制时的放矿指标。利用前述实验模型与实验 3 的矿岩配比进行放矿模拟，以当次混入废石的体积比 $Y=15\%$、$Y=30\%$、$Y=45\%$ 和 $Y=60\%$ 四种条件控制放出，得出的放矿指标见图 7-3。

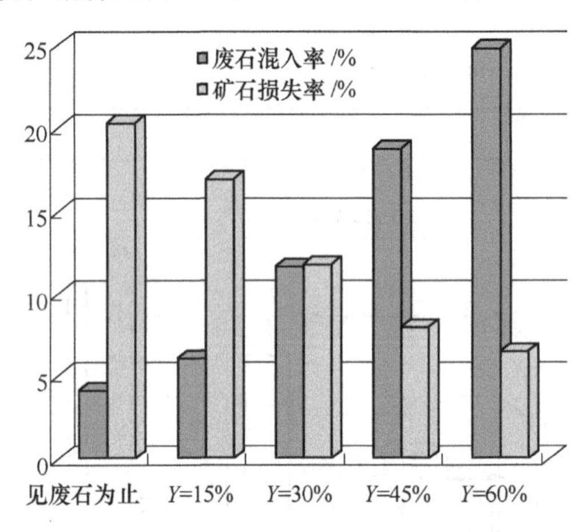

图 7-3　矿石损失率与废石混入率随出矿控制点变化关系

由图 7-3 可见，在实验 3 条件下，当次废石混入率超过 30% 时，矿石损失率才不大于 12%，这一放矿指标远不如废石块度小于矿石块度的指标（图 7-2）。

上述实验分析表明，增大覆盖层废石块度和减小矿石块度，可有效地改善矿石的回收效果。为此，当条件允许时，应进一步改进落矿技术与优化崩矿参数，利用炸药爆破能量充分破碎矿石；同时，尽量减少上盘围岩的破碎力度。对于厚大矿体应用无底柱分段崩落法的金属矿山，应充分利用岩体冒落规律，尽量诱导围岩自然冒落形成覆盖层。

7.3　覆盖层的安全厚度计算

对于采空区冒落冲击防治问题，理论分析与生产实践证明，无底柱分段崩落法的脊部残留体作为散体垫层，完全可以防治顶板冒落岩体对采准工程的冲击，此时散体垫层的安全作用主要是防治冒落气浪的冲击。在这方面，铜陵有色金属公司狮子山铜矿所做的工作，具有很好的借鉴意义。狮子山铜矿顶板围岩稳固性较好，采用有底柱崩落法开采，因顶板滞后冒落形成了137.82万立方米的巨大采空区。为保证空区下采场作业人员的安全，在采场上方预留一层由崩落矿石组成的散体垫层，为定量研究散体垫层的安全保护作用，该矿与原冶金部马鞍山矿山研究院联合委托中国人民解放军89002部队进行模拟实验研究。模拟实验的原始条件为：直径70m、厚70m、容重$\gamma=3.3t/m^3$的顶板岩体，突然下落140m，冲击在孔隙度为48.5%的散体上。实验得出了气浪通过垫层后的风速v与垫层厚度δ的函数关系：

$$v = 20.1 - 1.9\delta + 0.087\delta^2 \tag{7-1}$$

按有关规定，人员可以承受的极限风速不超过12m/s。将此限定条件代入式（7-1）计算，得出满足气流速度要求的散体安全垫层厚度：$\delta \geqslant 5.34m$。

一般露天转地下过渡矿山，采空区的冒落载荷来自上覆露天边帮矿岩，根据挂帮矿赋存条件与诱导冒落法采空区的位置分析，采空区最大冒落高度一般远小于狮子山铜矿的140m，且通过控制冒落形式与采空区冒透地表的陷落范围，可使冒落体的直径小于狮子山铜矿预计的70m。也就是说，可控制的采空区最大可能冒落体积与冒落高度，远小于狮子山铜矿，而且无底柱分段崩落法为端部放矿，采空区顶板的冒落岩体，直接冲击在巷道底板的残留散体上，冲击力度与冲击气浪的强度都会得到缓解。由此可以断定，一般露天转地下矿山所需散体安全垫层的最大厚度，不会超过5.34m。

进一步研究表明，式（7-1）分析计算结果偏于保守。根据在西石门铁矿、桃冲铁矿、小汪沟铁矿与书记沟铁矿用散体垫层成功防治采空区大规模冒落气浪冲击的经验，统计归纳得出的散体安全垫层的最小厚度，可按下式估算：

$$\delta = 0.2d^{0.5}h^{0.25} + \delta_0 \tag{7-2}$$

式中　d——冒落岩体直径，m；

h——冒落高度，m；

δ_0——散体垫层基础稳固性补偿量，对于井、巷封堵条件，可取$\delta_0=1.5\sim2.0$m，对于出矿进路端部口封堵条件，可取$\delta_0=0$。

7.4　覆盖层的简易形成方法

覆盖层形成方法通常有三种：

（1）露天大爆破形成覆盖层。例如内蒙古兴业矿业集团融冠铁锌矿，露天转地下应用无底柱分段崩落法开采，在露天开采结束时，利用露天穿孔爆破将露天底部及挂帮矿石崩落，形成30m厚的覆盖层，保证了地下无底柱分段崩落法采矿的顺利进行。这种用大爆破形成覆盖层的方法，优点是工艺简单，安全可靠，而且耗时短，垫层块度好；缺点是爆破工程量大，费用较高。

（2）外运废石回填形成覆盖层。相对于露天爆破法而言，该法初期可缓解边坡滑落的冲击危害，并可使部分露天剥离的废石内排，减小废石运距，但从边坡上倒入露天坑的回填废石块度较小，容易加大底部回采矿石的贫化率。

（3）回采过程中形成覆盖层。先用空场回采矿石，放矿末期留6~7m厚矿石作散体垫层，再用硐室或深孔崩落顶板或矿柱矿石形成覆盖层。这种方法可较早地回采地下矿石，目前应用较多。

分析表明，对于有接收冒落矿石条件的挂帮矿，形成覆盖层最好的方法是诱导冒落法，即将无底柱分段崩落法的第一分段，布置在矿体内的合理位置，利用该分段回采时形成的连续采空区，诱导上覆矿岩自然冒落，冒落的废石覆盖于冒落矿石之上。冒落的矿石在下部分段回采过程中逐步回收，留下冒落的废石作为覆盖层。诱导冒落法形成覆盖层，与常规方法相比，不仅可节省大量的采准工程和增大矿石回采强度，而且可为其下 1~2 个分段形成正常回采所需的矿石散体垫层，由此可大幅度降低采出矿石的废石混入率。此外，用诱导冒落法形成的覆盖层，废石的块度一般较崩落形成的块度大，有助于减小放矿过程中的废石混入率和增大矿石回收率。

西钢集团小汪沟铁矿露天转地下利用诱导冒落法形成覆盖层，取得了良好的实用效果。如 6.4 节所述，该矿为缓倾斜至倾斜矿体，应用无底柱崩落法开采，上位采区首采分段设置在+300m 水平，利用该分段的连续回采空间诱导上覆边坡矿岩自然冒落。为增大首采分段的采空区跨度，将采准工程布置到上盘边界（图 7-4），并采取从矿体边缘向进路联巷退采的回采顺序，以促使冒落拱背离露天坑发展。

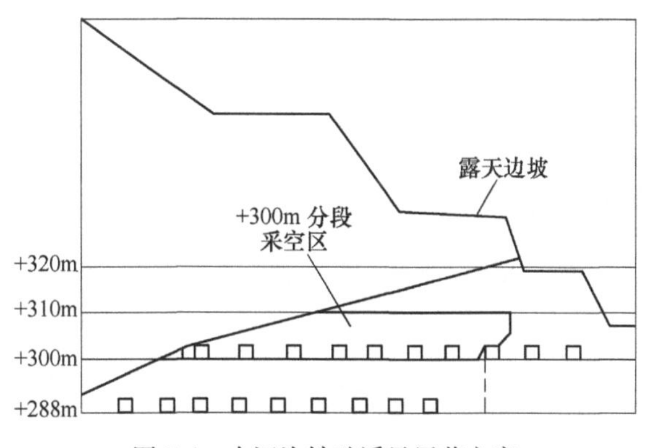

图 7-4 小汪沟铁矿诱导冒落方案

图 7-4 方案在实施过程中，采空区上覆围岩在地下作业人员不知不觉中发生了冒落，而且在采空区冒透地表后的地表塌陷区从小到大扩展过程中，边坡岩体总是沿断裂线向塌陷区滑移或片落，未发生任何滑坡或滚石事故，而且边坡岩体的自然冒落与滑移，也是在露天采场作业人员不知不觉中进行的。由自然冒落形成的覆盖层厚度为 20~70m，完全满足其下分段的正常回采要求。

总之，露天转地下用无底柱分段崩落法开采，其覆盖层的主要作用，一是满足地下采矿安全要求，二是满足崩落法回采工艺要求。覆盖层的类别与形成方法，对矿山经济效益与安全生产影响重大，需针对矿山具体条件分析确定，从有利于降低矿石贫化率的角度分析，应尽可能利用矿石覆盖层。覆盖层作为散体安全垫层时，主要作用是防治采空区大规模冒落气浪冲击危害，其最小厚度可按经验公式 $\delta=0.2d^{0.5}\times h^{0.25}+\delta_0$ 估算。

废石覆盖层的块度大小对放矿指标与合理放矿控制点影响重大，采用低贫化放矿方式时，当覆盖层块度不小于矿石块度时，可放矿到在出矿口见废石漏斗为止；当覆盖层块度小于矿石块度时，则应放矿到出矿口废石基本达到连续流出的程度。当必须用废石形成覆盖层时，应尽可能诱导围岩自然冒落形成覆盖层，使覆盖层废石保持较大的块度，以获得较好的矿石回采指标。

8 露天地下协同开采技术

8.1 协同开采方法构建

楔形转接过渡模式，完全取消了露天采场与地下采场之间的境界矿柱以及人工形成覆盖层工艺，从而消除了因保障境界矿柱稳定性对地下采矿方法的限制，以及人工形成覆盖层工艺迟滞下部矿体地下开采等问题；避免了境界矿柱与覆盖层隔断矿体开采连续性对露天地下开采时间、空间与效率的制约，从而为露天地下协同开采创造了条件。

在此过渡模式下，用诱导冒落法开采挂帮矿，通过调整诱导工程的回采顺序与回采高度，使采空区冒透地表时形成足够大的塌陷坑，能够完整吸收边坡滑落散体，由此控制边坡岩移的方向，使其指向塌陷坑，而不滑落于露天采场。这种从常规的保障边坡稳定到允许边坡塌落的边坡岩移危害控制技术的突破，从根本上缓和了露天与地下同时生产的制约关系；同时，按露天与地下开采工艺的优势对比，优化露天延深开采的细部境界，保障了露天与地下开采的便利条件。此外，挂帮矿诱导冒落法开采工艺技术，与坑底矿露天陡帮开采工艺技术，两者有机结合，充分利用露天地下开采的工艺优势，可以高效开采过渡期矿体。综合利用这些技术，运用协同论原理，便可构建露天地下协同开采方法（图 8-1）。

图 8-1 所示的露天地下协同开采方法，具体来说，露天按陡帮开采方法与工艺技术，延深开采下盘侧矿体，留下上盘侧挂帮矿，应用诱导冒落法适时地下开采。露天开采与地下开采的境界，由露天与地下开采方案的优势对比及回采便利条件择优确定，总体境界呈现出与矿体倾向相反的斜面。在境界斜面的两侧，布置露天与地下采场，其中矿体下盘侧的露天采场，布置在位置较低的境界斜面

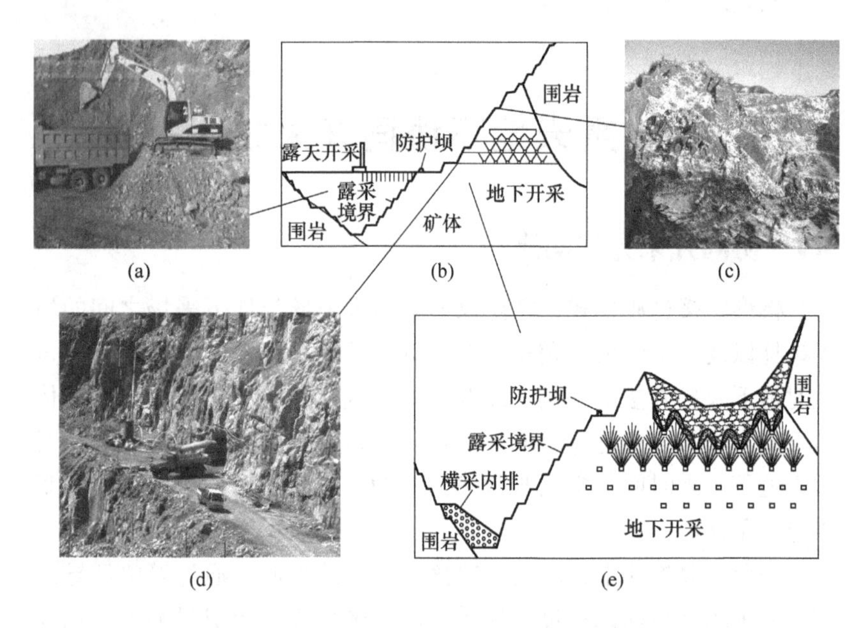

图 8-1　露天地下协同开采方法示意图

（a）延深开采；（b）楔形过渡开采；（c）边坡岩移控制；
（d）措施工程；（e）协同开采

的上盘侧，而挂帮矿地下采场，布置在位置较高的境界斜面的下盘侧，两者在水平投影面上错开。随着开采深度的增大，境界斜面附近的露天开采范围逐渐过渡到地下开采范围，使露天开采范围越来越小，地下开采范围越来越大，由此实现楔形转接过渡，最终露天采场宽度减小到最小工作面宽度之后，不能再用露天开采时，全部转入地下开采。

在挂帮矿体地下开始回采时，其诱导冒落工程的采空区宽度，根据采空区冒落进程的控制要求按挂帮矿体与上覆围岩的临界冒落跨度与持续冒落跨度确定；而采空区的高度，则由上覆矿岩自然冒落形成的地表塌陷坑能够完全接纳边坡陷落与滑移的矿岩散体量且使这些散体不滑落于露天采场的安全要求所确定。在采空区冒透地表的过程中，边坡离散化岩体可能受扰动而发生块体滑落或滚落现象，为防治滚石危害，在与地下采动范围相邻的露天采场边缘设置防护坝，防护边坡出现塌陷坑之前可能发生的滚石冲击。在边坡地表出现塌陷坑之后，通过控制地下采空区横向扩展宽度与纵向增大高度的关系，使塌陷坑周边及其上部边坡滑落的岩体，全部移入塌陷坑内。特别是露天开采境界斜面附近的矿体，全部陷落或滑落于塌陷坑内，作为诱导冒落矿石，在地下采场安全回收。

总之，楔形过渡协同开采方法的实质是：针对露天开采后的矿岩几何形状与生产条件，将露天开采与地下开采的先进工艺有机配合，用诱导冒落技术提高地采效率，消除边坡岩移的相互干扰，用陡帮延深开采技术提高露采效率，两者互补提高生产能力，改善安全生产条件，以实现过渡期矿体的安全高效开采。

8.2　主要协同技术体系

从生产过程分析，露天地下协同开采应包括挂帮矿体地下诱导工程的布置形式与诱导冒落参数的确定方法、露天坑底延深开采境界的确定原则与细部优化方法、露天地下同时生产的安全保障措施与高效开采技术等，此外还需露天地下协同安排回采顺序、协同防控水文地质灾害、协同形成覆盖层、协同布置开拓系统与协同优化产能管理等。以增大过渡期矿石生产能力与改善生产安全条件为目标，需要重点解决好如图 8-2 所示的八个方面的协同技术。

（1）协同拓展开采时空。一方面合理构建过渡期地下诱导冒落法开采方案，应用三分段同时采准等技术适时进行地下开采，通过合理确定诱导工程位置与多分段回采技术，适当滞后地下首采区扰动露天边坡的时间，及时快速增大地下生产规模。另一方面优化露天开采细部境界，一是对已圈定的境界附近矿体，对比露天地下开采优势，将便于露天开采的矿体采用露天开采；二是对边界低品位矿体，动态优化边界品位，适当扩大露天边帮的开采境界，增大露采矿体的规模，延长露天开采时间，并使境界矿

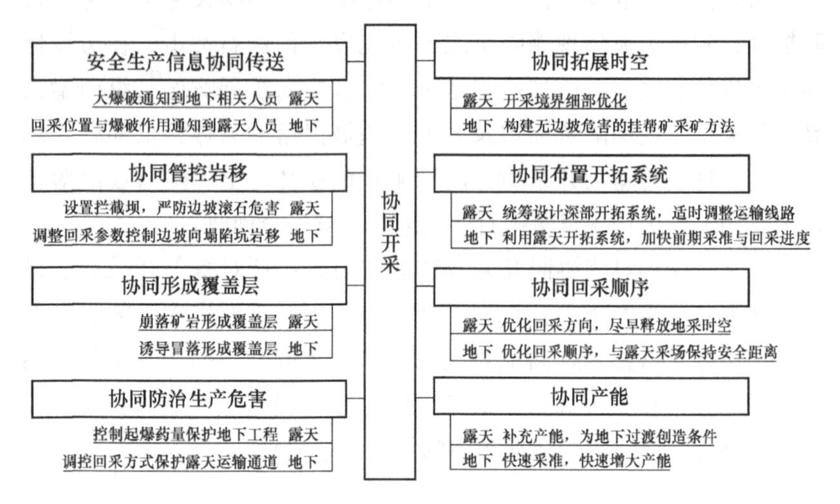

图 8-2　过渡期露天地下主要协同开采技术

量开采效益最大化。

（2）协同开拓。根据过渡期矿体条件，适时调整露天采场的开拓运输线路，如由环型运输线路改为迂回式运输线路，减小运输线路的压矿量，同时，利用露天已有运输系统开掘措施工程，提前进行挂帮矿的地下采准与回采。地下采准的矿岩与前期回采的矿石，由露天运输系统运出。当然，对于布线条件较差的露天矿，过渡后期露天采剥的矿岩，也可利用地下运输系统运出。

（3）协同回采顺序。调整露天采场回采顺序，及时形成挂帮矿地采时空条件；地下充分利用露天释放的时空条件，合理安排采场回采时间与顺序，快速增大生产能力，尽可能消除或推迟对露天采场的干扰。

（4）协同产能。一般来说，在过渡期，露天产能由大变小，地下产能则由小变大。针对矿体与生产条件，结合细部优化后的露天与地下开采境界条件，统筹安排露天与地下采场的开采强度，实现露天地下综合产能的持续增大，保障露天转地下增产衔接。

（5）协同防治生产危害。在露天采场大爆破中，按地下工程抗震动能力，控制同段起爆药量，减小爆破震动，保障地下采场稳定性；地下采场合理调控采空区跨度，控制采空区上覆岩体冒落进程，保障露天采场运输通道在服务期限不被破坏。

（6）协同形成覆盖层。露天转地下应用无底柱分段崩落法开采时，需适时形成覆盖层。开采挂帮矿时，应用诱导冒落法形成覆盖层；开采坑底矿时，留下适宜厚度的崩落矿石形成覆盖层。当只有回采进路端部口与采空区相通时，一般在进路端部口上方留下3~5m厚的崩落矿石，即可满足防治采空区冒落或边坡岩体滑移造成的气浪冲击要求。

（7）协同管控岩移。地下通过调整回采顺序与回采空间高度，确保地表形成足够深度的塌陷坑，控制边坡岩移方向背离露天采场而指向塌陷坑；在露天适宜位置及时设置拦截坝，严防岩移或滚石危害。

（8）安全生产信息协同传送。露天大爆破通知到地下相关人员，确保爆破时地下人员撤离到安全位置；地下回采作业地点与爆破作业通知到露天人员，确保露天生产不遭受地下采动可能带来的危害。

分析得出，按图8-1与图8-2所示方法与工艺技术实施露天与地下协同开采，可使露天与地下采场的时空关系得到优化，充分发挥露天与地下开采的工艺优势，不仅可增大产能，改善生产安全条件，而且可减少矿山基建投资，并可大幅度降低生产成本。

总之，露天地下楔形转接过渡模式，由于完全取消境界矿柱以及人工形成覆盖层的工艺，简化了露天与地下同时开采的约束条件。此过渡模式下的基于调控诱导工程回采顺序与回采高度的边坡岩移控制方法，从根本上缓和了露天与地下同时生产的制约关系。基于这些研究成果，结合挂帮矿诱导冒落法开采与坑底矿露天陡帮延深开采工艺技术，可构建出过渡期露天地下的协同开采方法。以增大过渡期矿石生产能力与改善生产安全条件为目标，露天地下协同开采中需重点研究协同拓展开采时空、协同开拓、协同回采顺序、协同产能、协同防治生产危害、协同形成覆盖层、协同管控岩移与安全生产信息协同传送等八方面内容，达到充分释放露天与地下产能的目的。

本章提出的协同开采方法，可使露天地下同时生产的时空得以大幅度拓展，为解决过渡期产量衔接困难与安全生产条件差的难题开辟了新途径。

9 协同开采技术在海南铁矿的应用示例[6]

9.1 矿山地质与生产概况

海南铁矿包括石碌铁矿和田独铁矿两个矿区，属沉积变质型铁矿床、赤铁矿类，是我国开发较早、规模较大、高品位的铁矿石生产基地。其中田独铁矿位于三亚市田独黄泥岭西北山麓，已于1960年采完闭坑，自此海南铁矿只剩石碌铁矿。石碌铁矿位于海南省西部昌江县石碌镇境内，该矿区发现于清朝乾隆年间，在第二次世界大战期间被日本掠夺走69.49万吨矿石，1957年开始露天开采建设，历经70万吨/年、270万吨/年、400万吨/年三次矿石规模的建设和生产，1981年底采矿能力达到350万吨/年。历经不同阶段数次变化发展后，海南铁矿自2007年重组改制以来，由海南矿业股份有限公司开采至今。

海南铁矿中心地理坐标为东经109°33′、北纬19°14′，矿体北起石碌河，南至羊角岭，西起石碌岭，东至红山头，方圆16km^2。矿体呈南北长、东西狭的长条形，主体矿分布于石碌镇正南一公里一带，以北一主矿体为中心。该矿矿区交通十分便利，北距海口市216km，有国防公路与高速公路相通；西与八所港有62km国防公路和52km准轨铁路相通，八所港设有两个专用装矿码头，可同时停泊2艘2万吨级海轮；南至三亚市有铁路相通（图9-1）。海南矿业股份有限公司的成品矿石先经铁路运至八所港码头，再装船外运至全国用户。

9.1.1 矿山地质概况

海南铁矿是一个以含铁为主，伴生有钴、铜的多金属共生矿床，矿石中主要化学成分有：Fe、S、P、Cu、Co以及V_2O_5、SiO_2、

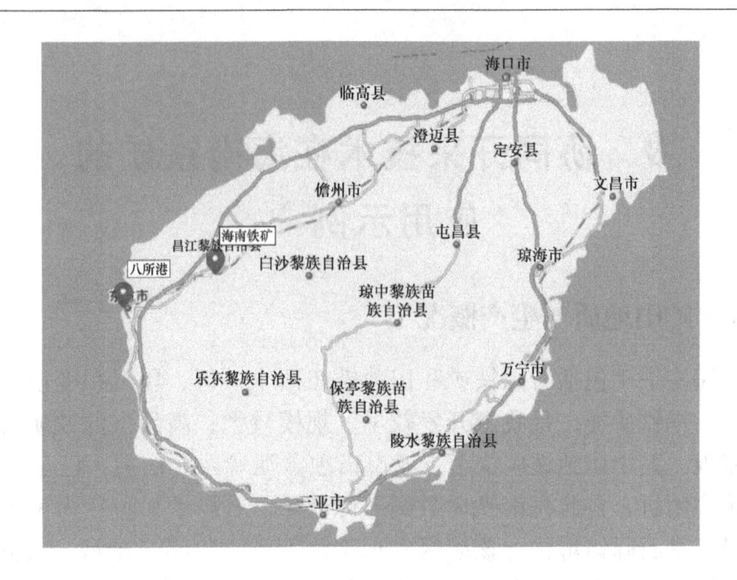

图 9-1　海南铁矿矿区交通位置图

Al_2O_3、CaO、MgO，目前可供利用的有用组分主要为 Fe、Co、Cu。铁矿石的基本质量特征是含铁量较高，高硅低磷，其他有害组分甚微，属于富铁、富钴矿床。成因类型属于多因复成的火山热液沉积-变质矿床，铁矿体一般以似层状、透镜状赋存于石碌群第 6 层中，矿体产于复式向斜构造中，其产状与向斜相吻合，形成相似褶曲，向斜轴部矿体相对厚大，形态产状受褶皱变化制约。

目前正在进行露天转地下开采的北一采场，矿体主要分布于Ⅶab～E23 勘查线之间，属石碌矿区北一主铁矿体，往南东隐伏延伸，赋存在石碌群第 6 层岩性层中段含铁岩系中，构造上处于北一向斜轴部，东西向已控制长度 3525m，出露长度 1150m。矿体走向Ⅵ线以西呈东西向，Ⅵ线以东转为 S60°E（图 9-2）。矿体向斜，北翼矿体倾角 60°～80°，南翼 45°～65°。矿体赋存标高 +202.44m～-601.91m，矿体主体部分赋存标高在 +100m～-100m 之间。矿体形态总体呈层状～似层状，横剖面上自西向东矿体呈心形、箱形或层带形。从西到东矿石质量由富变贫，矿体厚度由厚变薄。

依据矿石的主要有用及有害组分含量，将铁矿石分为 5 个工业

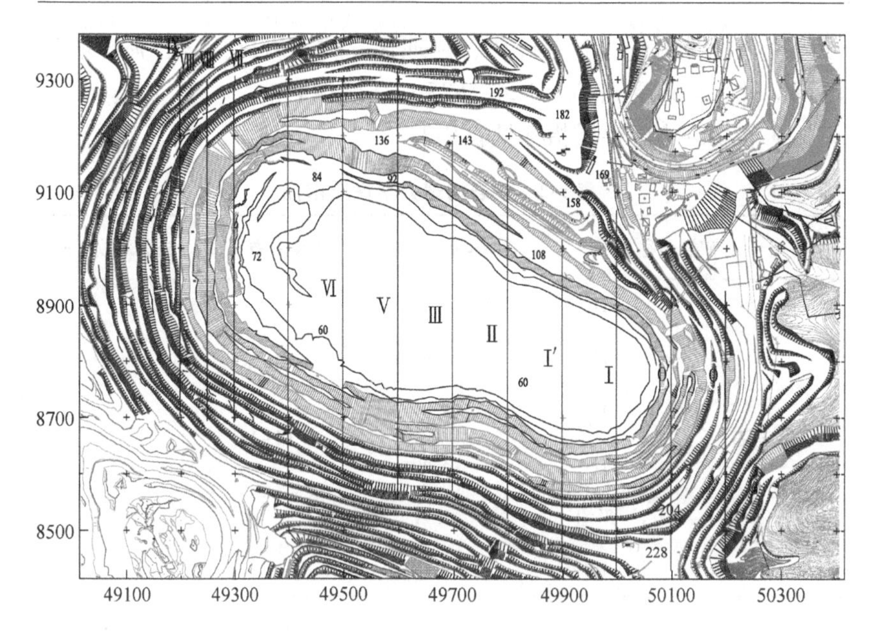

图 9-2 海南铁矿地表地形

品级，即：平炉矿（H1）、低硫高炉矿（H2）、高硫高炉矿（H3）、贫矿（H4）和次贫矿（H5），主采矿石 TFe 平均含量见表 9-1。其中 H_2、H_3、H_4 为主采矿石。

表 9-1 北一区段矿石主要组分含量表 （%）

成分	矿石类型				平均
	H1	H2	H3	H4	
TFe	61.78	53.74	54.82	38.63	47.51
SiO_2	8.88	18.15	11.37	29.51	20.15
S	0.065	0.081	1.611	1.275	1.124

北一矿体顶底板围岩主要为白云岩、透辉石透闪石灰岩、含铁千枚岩以及绢云母石英片岩等，一般稳定性较好，但沿断裂、裂隙

及层间挤压带附近岩石多碎化、片理化、糜棱岩化，岩石强度明显下降。北一矿体受到 F6、F24、F25 三条断层影响。

矿岩物理力学性质指标见表 9-2。

表 9-2 矿岩物理力学性质指标

矿岩名称		体重/t · m^{-3}	硬度系数（f）	松散系数（K）
铁矿石	H1	4.40	14～16	1.6
	H2	3.90		
	H3	3.94		
	H4	3.40		
	平均	3.71		
	H5	3.17		
岩石		2.62	8～14	1.6

矿区位于五指山的西北余脉之中，属低山地貌。东、南和西三面为中低山，由片岩、千枚岩为主岩石构成。北部为波状花岗岩低地，地形为南高北低。北一主矿体之南为枫树下山间盆地。石碌河、鸡心河流经矿区，石碌河上游修有水库。

矿区地处热带，属热带海洋性气候。全年平均温度 24.3℃，最高月温度 29.6℃，最低月温度 14.06℃，最高温度 39.7℃，最低温度 4.2℃。6～10 月为台风季节，雨量集中，年平均降水量 1500mm，日最大降水量 356mm。年蒸发量为 2104～2456mm，平均相对湿度 77%。

9.1.2 海南铁矿生产概况

海南铁矿北一采场地质储量贫富矿合计 7193.73 万吨，是海南矿业股份有限公司铁矿石的主要生产基地，设计 0m 以上露天开采，台阶高度为 12m，已形成 400 万吨/年的矿石生产能力及相应的配套设施。露天采场东帮、南帮地势较高，东帮最高标高为+310m，南帮最高标高为+372m，北帮地势较低，最高标高为+170m，封闭圈标高+168m。采出的矿石采用自卸汽车直接运往+169m原矿槽，采用汽车-电铲（或振动放矿机）-电机车联合倒装系统。采场共设有+169m和+126m两个倒装场，+169m电铲倒装场设在采场外，负责上部岩石，倒装能力设计为250万吨/年；+126m振动放矿机倒装场设在采场内，设计倒装能力为400万吨/年。矿山主要穿孔设备为KQ-250潜孔钻（6台）、KY-250A牙轮钻（1台）、YZ-35B牙轮钻（1台）、YZ-35C牙轮钻（1台）和阿特拉斯$ROC^{R}L8^{30}$（孔径ϕ110~203）潜孔钻（1台），铲装设备主要为4m^3电铲（5台），运输设备主要为40t级和32t级汽车（共17辆）。

海南铁矿北一采场设计由0m转入地下开采，从2009年开始进行地下建设。地下应用无底柱分段崩落法开采，设计前期挂帮矿量生产能力为140万吨/年，到0m中段以下，地下生产能力260万吨/年。

海南铁矿北一采场的地质储量大（贫富矿合计9762.52万吨），制约地下产能的主要因素是矿体规模较小，由此限制了常规开采工艺的回采工作线的长度。此外，矿体形态复杂，用常规无底柱分段崩落法开采，将造成较大的矿石损失贫化。为提高矿床开采的经济效益和实现露天转地下平稳过渡，开展了露天转地下过渡期露天地下协同开采技术的研究工作。

9.2 可冒性分析

露天地下协同开采的核心技术之一，是用诱导冒落法开采挂帮矿。为合理确定挂帮矿诱导冒落法开采方案，需对挂帮矿体与围岩的可冒性进行分析评价。为此开展了现场岩体结构面调查与矿岩点荷载强度测定工作，由此确定岩体强度进行矿岩稳定性分级，并在稳定性分级的基础上，分析岩体的可冒性。

9.2.1 结构面调查及数据处理

按岩体稳定性分级需要，首先对海南铁矿露天揭露的矿体与近矿围岩，进行了岩体结构面调查与测定。露天采场岩体的结构面调查与测定工作按图 9-2 中所示的勘探线进行，观察分析勘探线附近 5m 范围内的边坡围岩，将产状大致相同的结构面划分为同一组，分组量测各组结构面的产状（包括倾角、走向和结构面的间距等）。将量测数据输入 DIPS 软件，绘出露天采场取样岩石和 H2～H4 铁矿石的结构面极点投影图、极点等值线图，再由极点等值线确定出优势结构面的产状，确定结果见表 9-3。

表 9-3　优势结构面产状

岩性	编号	倾向/(°)	倾角/(°)	平均间距/cm
斜长角闪岩	1	325	55°	5.2
	2	115	73°	16.7
	3	205	60°	24.0
绢云母石英片岩	1	34	68	27.5
	2	311	64	26.7
	3	73	35	27.3
H2	1	94	67	6.3
	2	318	60	15.0
	3	266	46	37.5
H3	1	215	84	10.0
	2	271	50	15.0
	3	125	72	36.0

续表 9-3

岩性	编号	倾向/(°)	倾角/(°)	平均间距/cm
H4	1	320	25	16.0
	2	220	71	18.7
	3	234	76	20.0
条带状（透辉石透闪石灰岩）	1	104	50	7.1
	2	282	45	11.0
	3	47	58	17.1
块状（透辉石透闪石灰岩）	1	328	83	25.0
	2	168	66	25.0
	3	70	18	26.7

由表 9-3 可见，每种矿岩都有三组优势结构面，而且基本上为两组高角度结构面和一组较小角度的结构面，这种良好的结构面组合关系，表明矿岩均容易被诱导冒落。

9.2.2 岩体稳定性分级

在海南铁矿露天采场岩体结构面调查的地点，选用宽度 $W=(50\pm30)$ mm、厚度与宽度比为 0.3~1.0、形体较规则的岩石和矿石块体，进行点荷载强度试验，采用 ISRM 法进行点荷载强度计算，并与岩体结构面调查数据一起，用于岩体基本质量计算。根据岩体结构特征和基本质量指标，参考岩体基本质量分级标准，海南铁矿的矿岩的稳定性可划分为四类，从极稳定到不稳定，其中斜长角闪岩为Ⅱ级，属于稳定；绢云母石英片岩为Ⅲ级，属于中等稳定；H3 为Ⅲ~Ⅰ级，属于中稳~极稳定；H2、H4 均为Ⅱ~Ⅰ级，属于稳定~极稳定；条带状透闪石透辉岩为Ⅳ~Ⅲ级，属于不稳定~中等稳定；块状透辉石透闪石灰岩为Ⅳ~Ⅱ级，属于不稳定~稳定，详见表 9-4。

表 9-4 岩体稳定性分级

岩性	岩体完整性系数 K_v	抗压强度 /MPa	岩体基本质量指标 Q/MPa	稳定性级别	稳定性特点
斜长角闪岩	0.285	122.107	527.572	Ⅱ	稳定
绢云母石英片岩	0.377	47.837~75.702	327.760~411.356	Ⅲ	中等稳定
H2	0.380	95.997~140.991	472.990~607.970	Ⅰ~Ⅱ	极稳~稳定
H3	0.272	68.095~146.733	362.284~598.200	Ⅰ~Ⅲ	极稳~中稳
H4	0.350	95.690~133.400	464.570~577.690	Ⅰ~Ⅱ	极稳~稳定
条带状（透辉石透闪石灰岩）	0.376	51.690~78.328	339.070~418.984	Ⅲ~Ⅳ	中稳~不稳
块状（透辉石透闪石灰岩）	0.392	48.647~113.457	333.940~528.370	Ⅱ~Ⅳ	稳定~不稳

9.2.3 矿岩可冒性分析

由表 9-4 可见，岩体完整性系数为 0.27~0.39，而岩体抗压强度为 47.8~146.7MPa。根据这一数据与现场观测（图 9-3）得出，海南铁矿岩体的节理裂隙发育，块体的抗压强度较高，属于矿岩节理裂隙发育的硬岩矿山。针对岩体的这一特征，参考类似矿山——西石门铁矿南区的实际经验，可借助岩体力学中的拱形破坏理论分析岩体冒落过程，因此，可按式（9-1）计算岩体的临界冒落跨度：

$$L = 2\sqrt{\frac{2hT_c d}{\gamma H}} \tag{9-1}$$

式中 h——采空区高度，m；

H——采空区顶板埋深，m；

T_c——采空区上覆岩体的抗压强度，t/m²；

γ——采空区上覆岩体平均容重，t/m³；

d——承压拱顶部围岩承受水平压力的等价厚度，m，一般 $d=1.0\sim2.0$m。

图 9-3 +84m 巷道外节理裂隙发育矿体

在分析岩体临界冒落跨度时，可按岩石抗压强度乘以岩体完整性系数来估算岩体的抗压强度。对于矿体 H2，抗压强度为 95.997~140.991MPa，岩体完整性系数为 0.38，因此，可取 $T_c=(95.997\sim140.991)\times0.38=36.479\sim53.577\text{MPa}=3720.86\sim5464.85\text{t/m}^2$。取 $d=1$，将 $T_c=3720.86\sim5464.85\text{t/m}^2$，$\gamma=3.90\text{t/m}^2$代入上式计算，得出 H2 临界冒落跨度：

$$L_{(H2)}=2\sqrt{\frac{2h(3720.86\sim5464.85)}{3.90H}}=(87.36\sim105.88)\sqrt{\frac{h}{H}}$$

同理，矿体 H3 的临界冒落跨度：

$$L_{(H3)}=2\sqrt{\frac{2h(1889.24\sim4070.92)}{3.94H}}=(61.94\sim90.92)\sqrt{\frac{h}{H}}$$

矿体 H4 的临界冒落跨度：

$$L_{(H4)}=2\sqrt{\frac{2h(3416.18\sim4762.38)}{3.40H}}=(89.66\sim105.86)\sqrt{\frac{h}{H}}$$

斜长角闪岩的临界冒落跨度：

$$L_{斜} = 2\sqrt{\frac{2h \times 3549.70}{2.62H}} = 104.11\sqrt{\frac{h}{H}}$$

绢云母石英片岩的临界冒落跨度：

$$L_{绢} = 2\sqrt{\frac{2h(1839.57 \sim 2911.08)}{2.62H}} = (74.95 \sim 94.28)\sqrt{\frac{h}{H}}$$

透辉石透闪石灰岩的临界冒落跨度：

$$L_{透} = 2\sqrt{\frac{2h(1945.14 \sim 4536.45)}{2.62H}} = (77.07 \sim 117.69)\sqrt{\frac{h}{H}}$$

将空区高度 h 与空区顶板埋深 H 的比值 h/H 称为空区相对高度。临界冒落跨度随空区相对高度的变化关系见表 9-5 与表 9-6。

表 9-5 矿石临界冒落跨度与空区相对高度关系

空区相对高度 (h/H)	H2 临界冒落跨度/m	H3 临界冒落跨度/m	H4 临界冒落跨度/m
1	87.36~105.88	61.94~90.92	89.66~105.86
1/2	61.77~74.87	43.80~64.29	63.40~74.85
1/3	50.44~61.13	35.76~52.49	51.77~61.12
1/4	43.68~52.94	30.97~45.46	44.83~52.93
1/5	39.07~47.34	27.70~40.66	40.10~47.34
1/6	35.66~43.22	25.29~37.12	36.60~43.22

表 9-6 岩石临界冒落跨度与空区相对高度关系

空区相对高度 (h/H)	斜长角闪岩界冒落跨度/m	绢云母石英片岩临界冒落跨度/m	透辉石透闪石灰岩临界冒落跨度/m
1	104.11	74.95~94.28	77.07~117.69
1/2	73.62	53.00~66.67	54.50~83.22

续表 9-6

空区相对高度（h/H）	斜长角闪岩界冒落跨度/m	绢云母石英片岩临界冒落跨度/m	透闪石透辉石岩临界冒落跨度/m
1/3	60.11	43.27~54.43	44.50~67.95
1/4	52.06	37.48~47.14	38.54~58.85
1/5	46.56	33.52~42.16	34.47~52.63
1/6	42.50	30.60~38.49	31.46~48.05

由表 9-5 和表 9-6 可见，随空区顶板埋深的增大，矿岩临界冒落跨度不断变小。在矿体内，当采空区顶板的埋深不小于空区高度的 4 倍时，采空区临界冒落跨度一般不超过 45m；在岩体内，当采空区顶板的埋深不小于空区高度的 3 倍时，采空区临界冒落跨度一般不超过 60m。

分析得出，当空区埋深较小时，矿山压力较小，此时临界冒落跨度主要受结构面制约。根据北一露天采场结构面的实测结果，如前所述，每种矿岩都有三组优势结构面，且基本上均为两组高角度结构面和一组较小角度的结构面，结构面间距为 0.06~0.38m（表 9-3），较小的结构面间距和良好的结构面组合关系，有利于岩体的自然冒落。此外，在露天边坡表层的 12~15m 厚度范围内，受露天回采卸压与爆破震动的影响，矿岩结构面张裂，离散化严重，极容易发生冒落。据此可以推断，当采空区顶板的埋深与空区高度比与表 9-5 中的相近时，采空区临界冒落跨度将会小于表 9-5、表 9-6 中的计算值。

此外，当空区高度较大时，拱脚支撑力 R 对空区冒落的影响也随之增大，其作用方式主要是引起空区侧壁失稳破坏，也会导致临界冒落跨度值的降低。

由此可见，由于节理裂隙发育等，海南铁矿北一采场的矿岩具有良好的可冒性。矿岩良好的可冒性条件，为设计挂帮矿体的诱导冒落法方案提供了方便。结合海南铁矿的矿体几何条件及其与露天边坡的位置关系，可平行露天边坡布置诱导工程，利用 1~2 个分段的诱导工程的连续回采空间，诱导挂帮矿体及其上覆岩层自然冒落。

诱导冒落法的回收工程，可按无底柱分段崩落法高效开采模式，确定采场结构参数。

9.3 无底柱分段崩落法高效开采的结构参数

由于海南铁矿为赤铁矿，其矿石贫化率的大小对选矿经济效益影响重大，为减小矿石贫化率，需采用低贫化放矿方式控制出矿，此时为提高回采率，采场结构参数高度需适应崩落矿岩的移动规律。

无底柱分段崩落的采场结构参数主要包括分段高度（H）、进路间距（S）与崩矿步距（L），三者相互影响，相互制约，且三者又各自受到不同因素和条件的限制。进行低贫化放矿时，对于正常回采进路，采场结构参数的优化准则可归结为：保证放出体与顶面和侧面矿岩接触面同时相切。

9.3.1 分段高度的确定

分段高度是高效开采中的最重要参数，当矿体铅直厚度条件允许时，一般分段高度越大，一次崩落矿量就越多，随之生产强度越大，采准系数越小，生产成本越低。国内随着液压凿岩台车的推广应用，无底柱分段崩落法的分段高度在逐步增大，如大红山铁矿和梅山铁矿，最大分段高度已达20m。海南铁矿采用SimbaH1354型台车凿岩，经济凿岩深度可达30~35m。在菱形布置回采进路的采场结构中，最大孔深一般为分段高度的1.4~1.7倍，因此按经济凿岩深度30~35m估算，分段高度可达20m左右。但分段高度的增大，受矿体条件与装药设备能力限制，如果分段高度过大，矿体条件不能满足三分段回采原则时，将造成矿石损失贫化过大；而分段高度与设备能力不匹配时，将导致爆破效果差，大块率增高，生产事故多。因此，分段高度的合理值，需根据矿体条件及凿岩、装药设备的能力综合确定。

海南铁矿北一采场挂帮矿体主要是东端帮矿体，矿体形态与产状受褶皱制约，变化关系复杂。东端帮主矿体呈向斜构造，厚度为55~93m，倾角为0°~65°，其分支中厚矿体倾角一般为33°~53°；而东南帮矿体以中厚矿体为主，倾角为 44°~72°。按前述的三分段回收原则，结合凿岩与装药设备的能力，确定海南铁矿分段高度为 15m。

9.3.2 进路间距的确定

进路间距与分段高度是两个相互关联的参数，根据随机介质放矿理论[7]，从有利于改善矿石移动空间条件出发，当分段高度一定时，确定进路间距时应考虑如下两点：其一，保证分段放矿结束后，所形成的矿石脊部残留体（进路之间残留矿石构成的形体），只有一个峰值，而且峰值点位于两条进路的中间；其二，该峰值点在下分段出矿时率先到达出矿口。

在菱形布置进路的采场结构中，无底柱分段崩落法的每一条进路负担回收一个脊部残留体，如图 9-4 中 1 号进路负担回收脊部残留体 A，2 号进路负担回收脊部残留体 B。为取得最佳回收效果，要求每一出矿进路，能够完整地回收所负担的脊部残留体，又不扰动相邻脊部残留体。因此，出矿时的有效流动带的边界，应完整地包围所负担的脊部残留体，同时不与相邻脊部残留体相交。

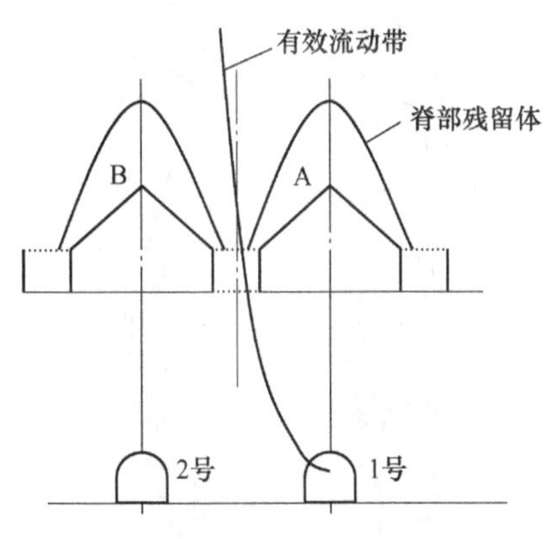

图 9-4 进路间距确定方法示意图

根据图 9-4 中的关系和流动带范围的表达式，可得出进路间距的计算式：

$$S = 6\sqrt{\frac{1}{2}\beta_1 H^{\alpha_1}} + \mu b \tag{9-2}$$

式中　α_1，β_1——垂直进路方向散体流动参数值；

H——分段高度，m；

b——进路宽度，m，海南铁矿 $b=4.2$m；

μ——出矿口流动带废石宽度系数，取值与截止放矿时废石漏斗在进路顶板的出露宽度有关，（1）当采用无贫化放矿方式时，$\mu \approx 0$；（2）当采用低贫化放矿方式时，$\mu \approx 0.1 \sim 0.6$；（3）当采用截止品位放矿方式时，$\mu \approx 0.75$。

实验测得海南铁矿放出体形态见图 9-5，根据放出体形态计算得出的散体流动参数值：沿进路方向 $\alpha = 1.6572$，$\beta = 0.0920$，$K = 0.0885$；垂直进路方向 $\alpha_1 = 1.5196$，$\beta_1 = 0.1980$。将 $\alpha_1 = 1.5196$，$\beta_1 = 0.1980$，$\mu = 0.1 \sim 0.6$，$b = 4.2$m，$H = 15$m 代入进路间距计算式，计算得出合理的进路间距为 15.20~17.30m。

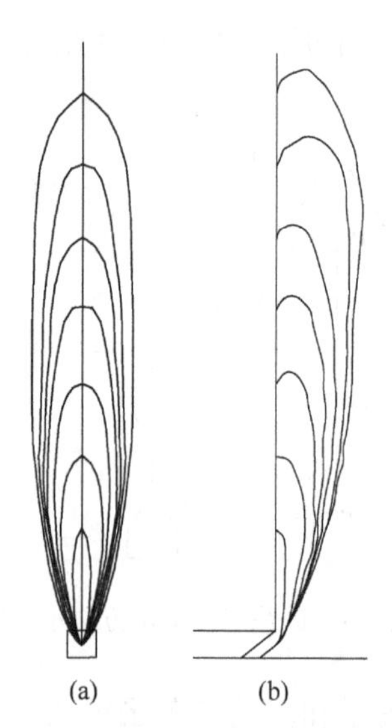

图 9-5　海南铁矿放出体形态
（a）垂直进路方向；（b）沿进路方向

确定进路间距时，还需考虑回采强度对崩矿量的需要，以及加大进路间柱对防止采动地压破坏的作用。实践证明，较大的进路间距对于降低应力集中、提高进路稳定性具有较大的优越性。综合考虑上述因素，最终确定海南铁矿进路间距为18m。

9.3.3 崩矿步距的确定与优化

在分段高度和进路间距按上述方法确定后，便可进一步优化崩矿步距。一般说来，崩矿步距的合理值既与放矿方式有关，又与放出体、残留体与崩落体形态的影响因素有关。这是因为，采用不同的放矿方式，放出漏斗在出矿口的破裂程度不同，随之，崩落矿石的放出量受“三体”（崩落体、残留体与放出体）关系的制约程度不同。为保证较大的纯矿石放出量和形成较好的残留体形态，在分段高度与进路间距以及放矿方式一定时，需调整崩矿步距，使放出体的形态与崩落体和残留体的总体边界相符。从这一原则出发，影响崩落体、残留体与放出体形态的各种因素，均影响崩矿步距的合理值。

大体说来，崩落体的形态不仅与分段高度、进路位置、崩矿步距等几何条件有关，而且与爆破效果密切相关；残留体与放出体的形态不仅与散体移动特性有关，而且与采场边界条件和放矿口尺寸有关。因此，崩矿步距合理值的影响因素，不仅包括分段高度、进路位置、采场边界条件与放矿口尺寸等几何条件，而且包括爆破效果、散体移动参数等岩体特性条件。这些因素之间存在着比较复杂的相互作用关系，从而使崩矿步距的优化问题成为多因素复杂关系的非线性优化问题，需要限定一些条件才能进行优化研究。假定爆破过程不明显影响矿岩接触面的几何形状，同时分段高度与进路间距保持合理关系，在此前提下，理论上可从出矿口提供的信息优化崩矿步距。

根据随机介质放矿理论的研究成果，采场内每一条颗粒迹线在出矿口都有对应的位置，根据废石在出矿口最先出现的位置，沿迹线便可辨认出废石来自哪个方位。当崩矿步距过小时，正面废石率先到达出矿口，此时矿岩接触面的移动过程如图 9-6（a）所示，废石漏斗到达出矿口时离开进路顶板眉线一段距离，废石流被矿石流四周包围，俗称“包馅”现象。当崩矿步距过大时，顶部废石率先到达出矿口，此时矿岩接触面移动状态见图 9-6（b），废石最先在端部出矿口眉线部位呈薄层流出，由于流轴偏离端壁一段距离，加之在端壁上方原来残留的矿石投入移动，使顶面废石到达出矿口时不紧贴出矿口眉线，而是隔着一层很薄的矿石层，由此形成废石混着矿石流出。但此时废石流出的速率较慢，废石在端部口出露的部位较高，且当废石块度较大时，常常在出矿不久，出矿口就被大块废石或废石形成的结构卡住。

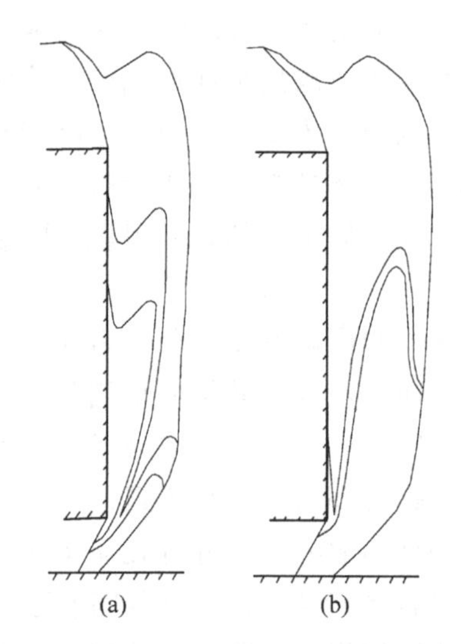

图 9-6　崩矿步距过大、过小时矿岩接触面移动过程及废石漏斗出露的位置

（a）崩矿步距过小；（b）崩矿步距过大

总之，根据废石在端部出矿口出露的位置高度，容易判别废石来自顶面还是端部正面。如果废石出露部位较低且四周被矿石包裹，表明废石来自端部正面，此时崩矿步距过小，应加大崩矿步距；如果废石靠出矿口眉线呈“高位薄层”流出，表明废石来自

顶面，此时崩矿步距过大，应减小崩矿步距。合理的崩矿步距值，是使顶面与端部正面的废石同时到达出矿口，此时表现为废石出露得晚，一旦出现，就很快在出矿口占据较大的断面积，以较快的速度流出。

在实际生产中，崩矿步距的确定需要经过初选与生产中逐步优化的过程，首先根据分段高度、进路间距、放出体形态、矿石可爆破性等，运用工程类比法选定崩矿步距的初始值；其次，按初始值设计2~3个分段的回采爆破参数，包括炮孔直径、炮孔排距与排面布孔方式等，在形成覆盖层正常回采条件后，按上述方法观察进路端部口废石出露信息，进行崩矿步距的动态调整，直致使回采效果达到最佳，取得不同矿岩条件下的崩矿步距的最佳值；最后，按最佳值确定后续回采分段的崩矿步距。

海南铁矿的放出体形态如图9-5所示，放出体上部较宽下部较窄，表明矿石散体具有良好的流动性。此外，由爆破漏斗实验得出，矿石具有良好的可爆破性，采用多孔粒状铵油炸药，炸药单耗为0.34kg/t。借鉴北洺河经验，确定崩矿步距的初值为1.8m。

9.3.4 回收进路

如前所述，无底柱分段崩落法每一分段仅能放出本分段负担矿量的小部分，绝大部分需转移到下一分段回收。这样，矿体内最下一个分段的残留矿量，以及靠近矿体底板（或下盘）部位矿量，就需在矿石残留体下方的底板（或下盘）围岩里开掘进路加以回收，该进路称之为回收进路。

利用散体流动参数估算脊部残留体形态，再用放出体套合脊部残留体，便可得出回收进路的理想位置。按此方法确定的海南铁矿回收进路位置如图9-7所示，最大崩落岩石高度（从巷道顶板算起）为4~6m。

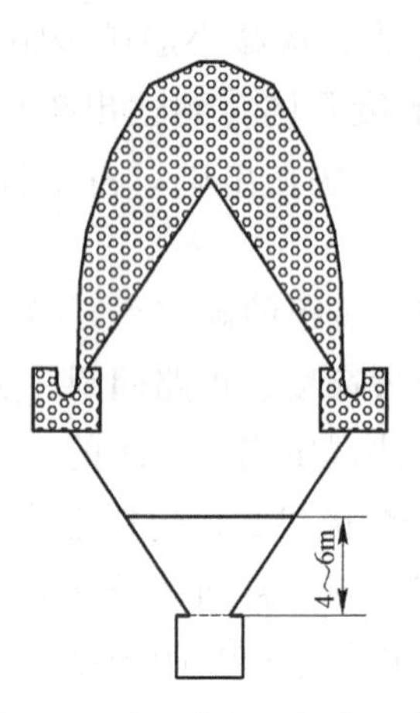

图 9-7　回收进路与开掘岩石高度

9.4　挂帮矿诱导冒落法开采方案

海南铁矿露天转地下过渡期的首采矿段，选择为东端帮矿体的0m 中段。因为首采矿段担负着过渡期产量衔接的任务，其早期产能的大小对矿山企业的采选经济效益影响重大，为此，0m 中段需实施高效开采，以便最大限度地提高开采能力。根据矿体赋存条件及采场与露天坑的位置关系，东端帮矿体可分为三区开采：一为端部厚大矿体，研究采用垂直走向布置进路的大结构参数无底柱分段崩落法开采，利用第一分段回采进路作为诱导冒落工程，诱导上部矿岩自然冒落，冒落的矿石在下部进路回采中逐步回收；二为北侧中厚矿体，应用平底堑沟分段空场法开采，在露天开采不受该部位边坡岩移威胁后，崩落顶柱处理采空区；三为南帮中厚矿体，应用沿脉进路无底柱分段崩落法开采，利用三个分段同步退采的空间，诱导上部矿岩安全冒落。三个采区矿体的上部被厚大岩体隔开，使得每一采区均可独立开采（图 9-8）。

在图 9-8 所示三个采区中，一采区东端帮矿体为主采区，按生产进度安排最先投入开采。该区矿体条件见图 9-9，在+45m～+15m水平之间，出露多层较大的夹石，为消除这些夹石对冒落矿石的回

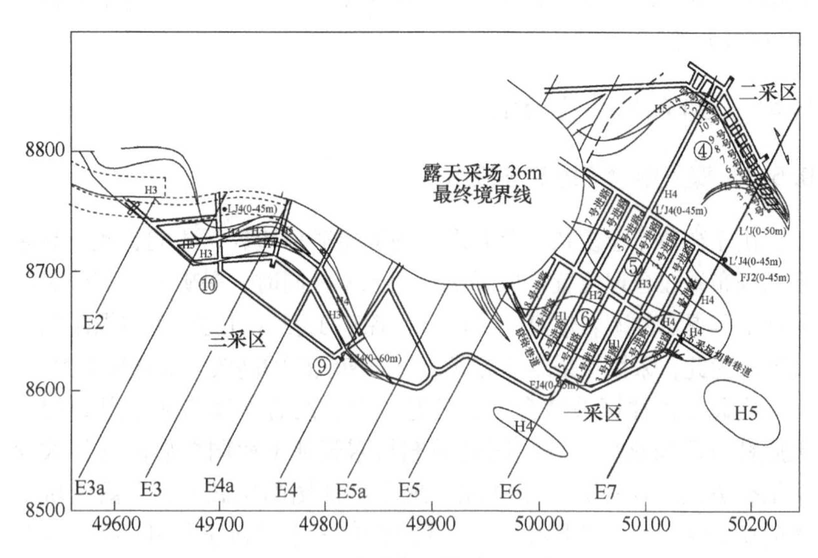

图 9-8 东端帮矿体采区划分

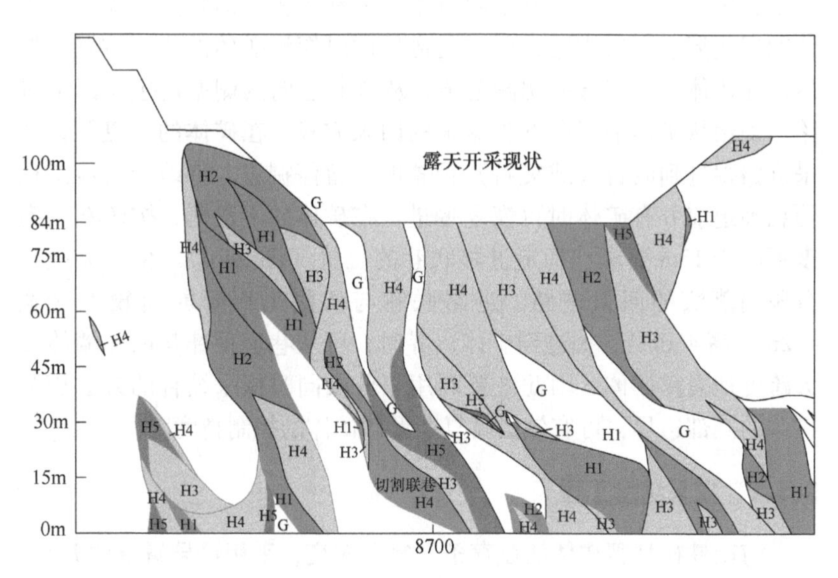

图 9-9 北一深部开采首采中段 E6b 线矿体剖面图

收影响，将+45m 分段作为主要回收分段，随之将诱导冒落工程设置在+60m 水平。

9.5 三维探采结合方法

9.5.1 探采结合的意义与技术

由于矿体形态复杂，及时准确地圈定矿体边界，才能有效指导采准工程布置在合理位置，保障矿石回采率，同时，探矿工作充分利用采准工程揭示的矿岩信息，可以减小探矿工程量与提高矿体圈定的准确度。为此，采用探采结合方式，对海南铁矿的高效开采意义重大。

在总结以往探采结合方法的基础上，结合海南铁矿条件，提出无底柱分段崩落法三分段同时采准与露天地下协同探矿的立体式探采结合方法。这种方法是在原有地质剖面图的基础上，从露天坑揭露的矿岩边界进一步圈定矿体，同时在 0m 水平运输利用开拓工程开掘探矿硐室，打上向钻孔探测矿体。此外，在+60m、+45m、+30m 三个分段，按探采结合方法同时掘进采准工程，即先沿着或靠近主体勘探线掘进回采进路，形成通道的同时探测矿体的边界位置，然后，在矿体的中部开掘切割巷道，从该巷道向两侧掘进主体回采进路。采用从矿体中部向下盘退采的回采方式，在矿体的下盘侧，回采进路掘进到废石（或夹石）位置时，暂停掘进，待综合其他工程信息确定前方有矿体时再恢复掘进。在矿体的上盘侧，按矿石层高度不小于 13m 要求，确定进路联巷的位置（图 9-10）。由于无底柱分段崩落法的回采进路、进路联巷与切割工程等断面较大（宽 4.2m，高 4.0m），掘进到矿体边界时，可从巷道顶部与两侧墙体较大跨度地揭露矿体，因此主要利用三分段同时探采结合的方法探测矿体的细部边界，可有效提高复杂形态矿体的控制精度。

9.5.2 探采结合工程

海南铁矿挂帮矿体的赋存条件复杂多变，采用诱导冒落法开采，需要准确探清矿体的下盘界线，而且为保证露天转地下产能的平稳过渡，需根据已探明矿体及开采设计方案，按高效开采的生产进度

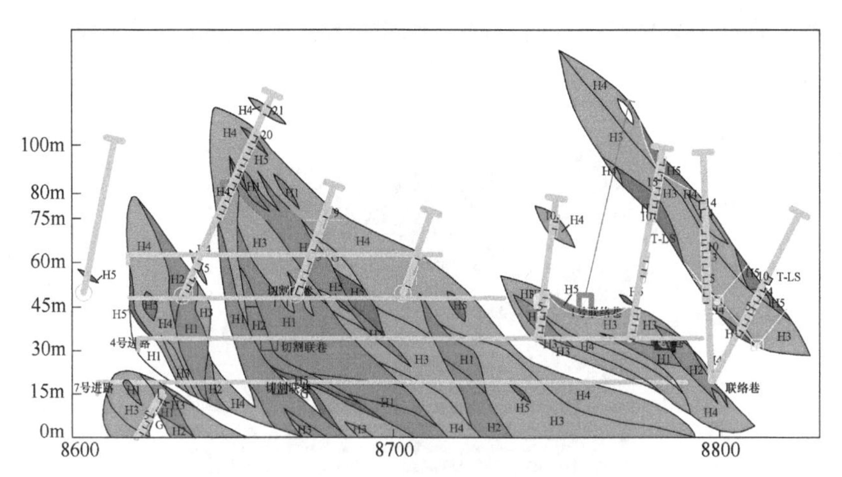

图 9-10 E7a 线探采结合示意图

需要安排探矿顺序，高强度有计划地进行探矿工作。

在东端帮矿体的三个采区中（图 9-8），一采区的端部厚大矿体为回采最早的主采区，应优先保障地质探矿工作；二采区的北侧中厚矿体可提前开采，地质探矿越早越好；三采区东南角的采场可列入前期开采计划，也需要提前探矿，但其余受露天采场影响需要滞后开采的矿段，可适当推延探矿工作。各采区急需勘探的部位及其排序如下。

（1）优先勘探一采区上部与边部矿体，按采准工程施工时间排序为：+84m 巷道揭露的矿体；+60m 与+45m 分段边部矿体；+30m 分段边部矿体。

（2）二采区优先勘探+30m 水平以上的矿体。

（3）三采区统一勘探 0m 以上矿体。

在每一分段，对探矿起主导作用的采准工程，称为探采结合工程。

9.5.2.1 +84m 分段探采工程

海南铁矿北一采场挂帮矿量诱导工程设计在+60m 分段，从露天坑东端帮可见，挂帮矿矿体的高端约达+160m 水平，部分高位挂帮矿量倾角较小（图 9-11），为此需要在+84m 水平设置局部回采工程，在回采分枝矿体的同时探清上部矿体边界，以增大下部采准工程的可靠性。

图 9-11 东端帮矿体出露范围

高位挂帮矿量的回采工作，需在下部矿体回采之前完成。限于时间关系，需采用探采结合方法进行回采。对于左侧分枝矿体，由于控制程度过低，需要先探后采；对于右侧分枝矿体，现有控制程度已经基本能够满足采准要求，为此可边探边采。根据矿体出露状态，在+84m 水平矿体厚度较大部位，掘进两条相距 12～13m 的平行平硐，在进入硐口 20m 后，开始打横穿探测矿体。原设计随着平硐的延深，每隔 12m 打一横穿探清矿体的宽度，待整个矿体的长度与宽度都探清后，根据巷道围岩稳定性选择采矿方法。如果围岩中等稳固以上，应用浅孔留矿法开采。为此，利用横穿构建平底出矿的底部结构，靠露天边坡留下水平厚度不小于 20m 的保安矿柱，保障浅孔留矿法采场的稳定性；如果围岩中等稳固以下，不适于浅孔留矿法开采，则将横穿作为出矿进路，在上部+108m 台阶另开凿岩巷道，构成高端壁崩落法回采方案。

工程实际揭露发现，里面矿体厚度比露天边坡出露厚度小很多，矿岩稳定性较好，最终采用平底堑沟底部结构的空场法进行回采，采场结构如图 9-12 所示。+84m 分段共采出矿石 7.6 万吨，同时有效探测了上部矿体边界（图 9-13）。

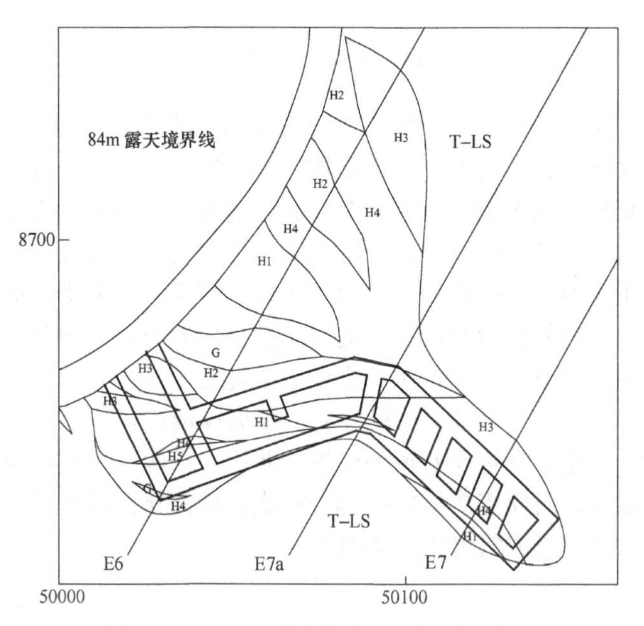

图 9-12 +84m 东端帮挂帮矿量探采示意图

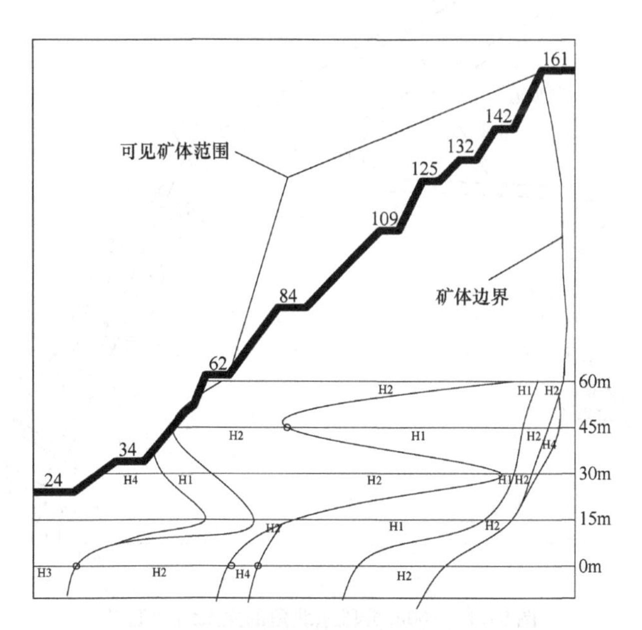

图 9-13 高位挂帮矿体轴线剖面图

9.5.2.2　+60m 分段探采结合工程

挂帮矿+60m 分段东北角二采区采场④，根据矿体条件，应用分段空场法开采，采用平底堑沟结构。由于堑沟的位置是否合理对矿石回采指标影响重大，故需先探清矿体边界，再确定堑沟巷道的位置。为此，采场④从斜坡道开口先沿矿体掘进出矿巷道，每隔 12m 向矿体下盘掘一探矿横穿，后续作为出矿横穿。根据探矿横穿探清的矿体下盘边界位置与倾角，适当调整出矿巷道的方向与位置。边掘进出矿巷道边打横穿探矿，完成出矿巷道与 12 号、10 号、8 号、6 号、4 号、2 号、1 号探矿横穿后，根据探清的矿体边界位置与矿体产状，确定下盘堑沟巷道的位置。此后，在两条探矿横穿之间补掘一条横穿，与原探矿横穿一起，构成出矿横穿，将出矿横穿的端部相互联通，形成堑沟巷道（图 9-14）。

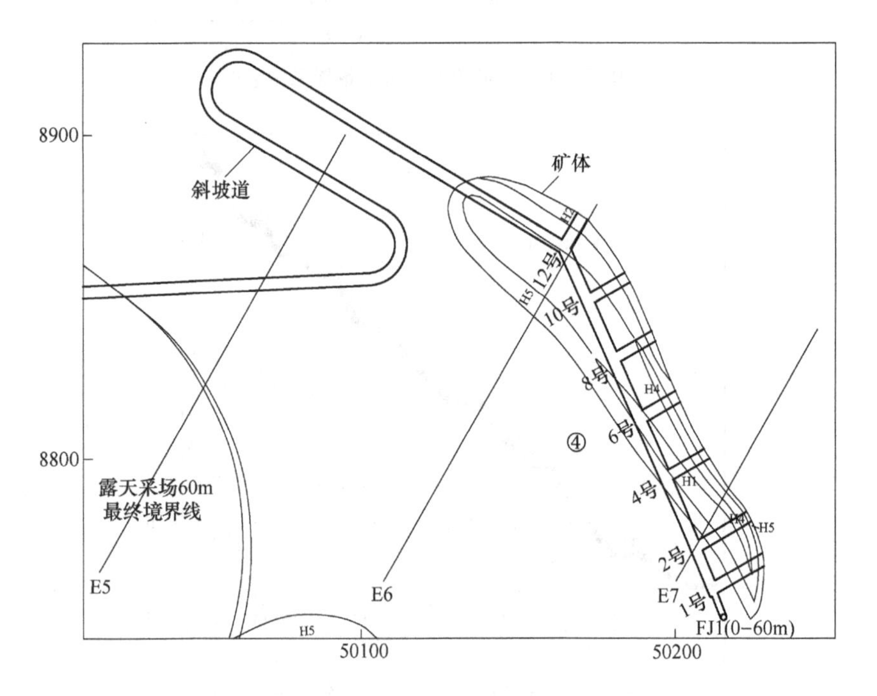

图 9-14　+60m 分段东北角的探采结合工程

为加快二采区④采场的回采进程，+60m 分段回采的矿石可由斜坡道运出，不需掘进矿石溜井，但由于采场长度大，需从 0m 水平上掘进风井 FJ1（图 9-14），为④采场+60m、+45m 与+30m 分段的回采工程形成通风系统。

+60m 分段一采区厚大矿体，应用诱导冒落法开采，在+60m 分段掘进诱导冒落工程。为提高采准工程的利用率，将矿体中部的切割巷道与 3 号、5 号、7 号、9 号进路作为探采结合工程。由 3 号与 5 号进路联通上、下盘斜坡道后，先掘进矿体中部的切割巷道，再从切割巷道掘进 7 号与 9 号进路，由此探清本分段矿体边界位置与倾角（图 9-15）。进行矿体二次圈定后，再掘进其余采准工程。

9.5.2.3 +45m 分段探采结合工程

+45m 分段各采场均接续上分段回采，其中采场④的掘进方法与+60m 分段相同，仍需先掘进出矿巷道，同时掘进 1 号、3 号、6 号、8 号、11 号出矿横穿探明矿体边界，再确定与施工堑沟巷道。此外，将出矿巷道沿 E6 线与采场⑤的 5 号进路贯通，探明矿体边界，同时作为采场⑤的通道。

+45m 分段一采区厚矿体的采准工程，为上分段诱导冒落矿量的主要回收工程，为合理布置回采工程，尽可能多地回采与回收矿量，将中部切割巷道与 1 号、3 号、5 号、7 号进路作为探采结合工程。先掘进 5 号进路与上、下盘斜坡道联通，接着掘进中部切割巷道，随后掘进 3 号、7 号、1 号进路与采场⑤联络巷道，由此探清本分段矿体边界位置与倾角（图 9-16）。进行矿体二次圈定后，再掘进其余采准工程。

9.5.2.4 +30m 分段探采结合工程

+30m 分段的回采范围包括新增矿体采场⑦，厚矿体采场⑤⑥，与东北角二采区采场④。对于新增矿体采场⑦，先在矿体中部掘进

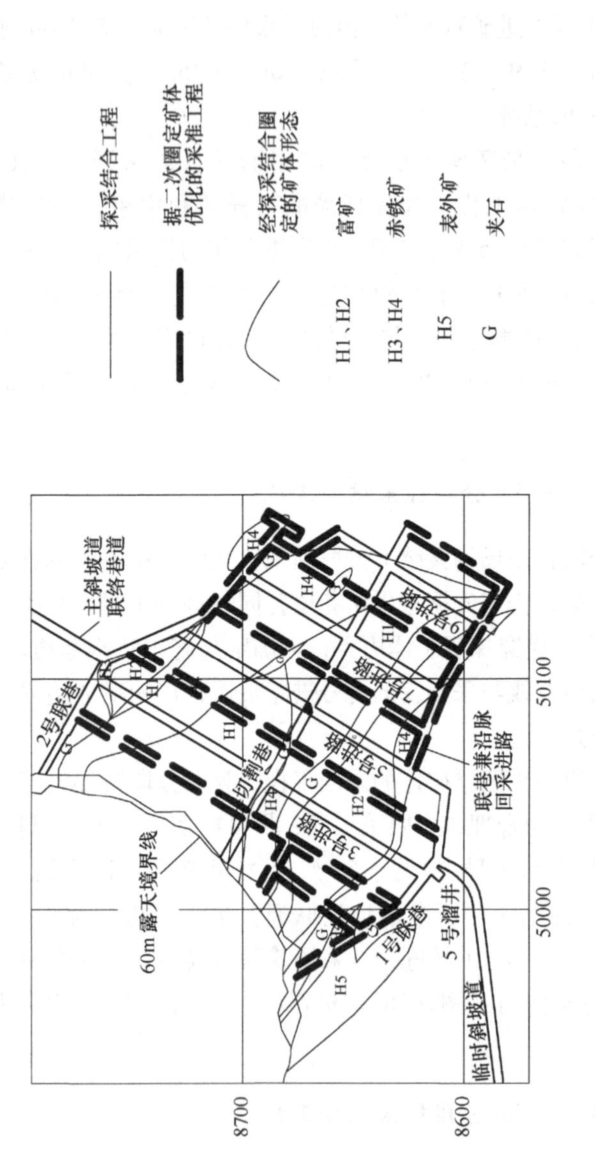

图 9-15　+60m 分段东端一采区的探采结合工程

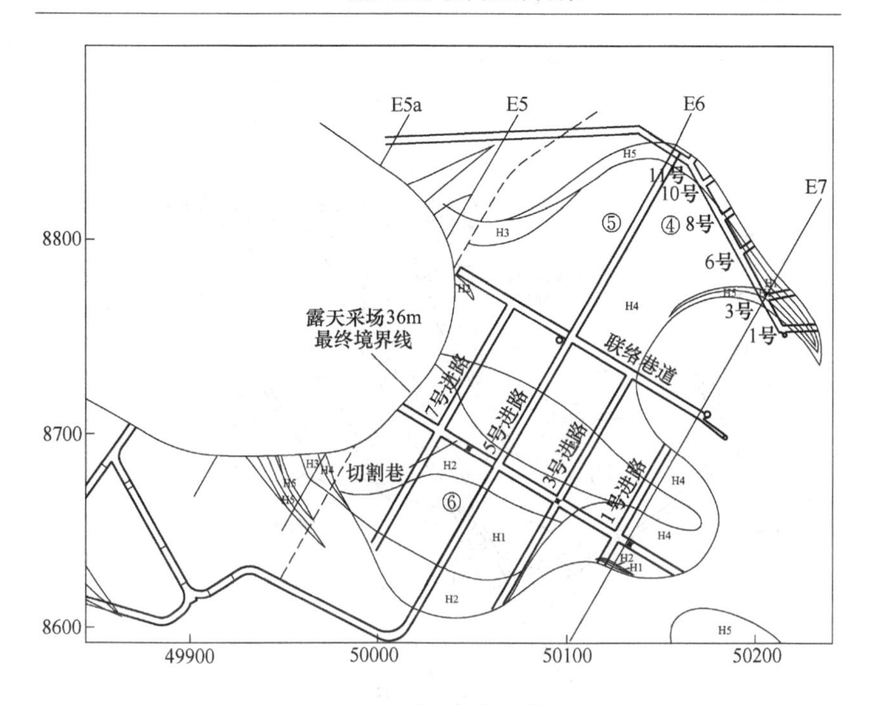

图 9-16 +45m 分段的探采结合工程

联络巷道，两从联络巷道掘进 7 号、5 号、4 号、3 号、2 号进路与 7-4 切割巷，探明矿体边界后，再确定和施工其他采准工程。对于厚矿体采场⑤⑥，先掘进 6 号与 7 号进路形成通道，接着掘进矿体中部的切割巷，将切割巷掘进到矿体边界，之后从切割巷开口，掘进 9 号进路、4 号进路与 2 号进路，以及矿体内采场⑥的上盘联巷。对于二采区采场④，探采结合工程的掘进顺序同前。各采场探采结合工程的布置形式见图 9-17。

9.6 露天地下协同开采方案

9.6.1 露天地下协同开采顺序

露天开采境界原设计为 0m 水平，0m 以下地下开采。经过开采境界细部优化后，将露天坑底由 0m 水平优化到-72m 水平，研究确

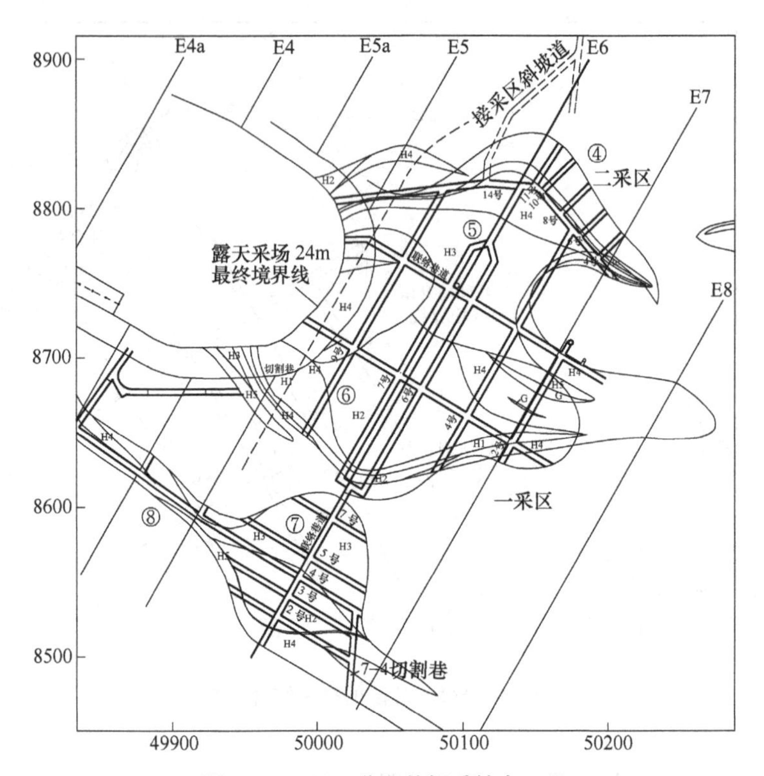

图 9-17　+30m 分段的探采结合工程

定在 0m 设置防护坝。地下开采阶段高度为 120m，一期开采 0m、-120m 与-240m 三个阶段，其中 0m 阶段用于开采挂帮矿。东端帮挂帮矿体为地下首采矿段，赋存于 E5～E9 线之间，主要为富矿体，采用诱导冒落法开采，诱导工程设计在+60m 分段，诱导冒落的矿石主要在+45m 与+30m 分段的回采中加以回收。从+60m 至+15m 的回采矿量，主要由 0m 水平运输；0m 分段的回采矿量，通过溜井下放至-120m 水平运输。

为协同地下开采，露天回采顺序调整为由东向西开采。在 2012 年 7 月，露天采场靠东端帮掘沟至 0m 水平（图 9-18），按计划到 2013 年 9 月退采至距离东端帮 70m 左右的位置，在距离东端帮 30m 左右的位置设置废石防护坝，用以防治东端帮边坡的滚石危害。在防护坝形成之后，东端帮一、二采区的采空区便可控制其自然冒落，仅三采区仍处于对露天采场影响范围之内，为确保安全需要滞后开采。

图9-18　北一采场生产现状

三采区允许采空区冒透地表的时间，应在露天回采工作面越过该区边坡滚石影响范围之后，为此，露天采场0m水平的工作面位置，需比前两个采区允许冒透地表的位置再向西退采近300m的距离。

二采区对露天生产影响最小，如果采取适宜的工艺措施，可不受露天生产进度影响，随时可以投入开采；但该区矿体厚度小、倾角较小，应用分段空场法平底沿脉堑沟底部结构开采，其中沿脉堑沟的位置是否合理对矿石回采指标影响极大。为取得较好的回采指标，需要先探清矿体的产状与边界位置，之后确定堑沟的位置。因此，该区的回采时间受探矿时间制约，早完成探矿，早施工采准，早投入回采。

一采区的矿体厚大，利用切割巷道与垂直走向的回采进路探明矿体的边界，采用三维探采结合方法完成采准工程的施工，准备适时回采，以便在露天回采工作面形成防护坝之后，采空区滞后冒透地表的时间尽可能短。

根据上述分析，同时综合考虑产量衔接问题，东端帮矿体按一采区端部厚大矿体、二采区北侧中厚矿体、三采区南帮中厚矿体的顺序开采，实施露天地下协同开采，快速增大地下产能。

为提高露天转地下过渡期的总生产能力，需要加快 0m 水平露天退采的进度，尽早形成防护工程；同时需要合理安排端部矿体的回采时间与回采顺序，以尽早实现露天与地下的协同高效开采。

地下首采分段（一采区+60m 分段）的回采时间，以露天形成防护工程的时间为节点，反推采空区允许冒透地表的时间进行确定，由此确定于 2013 年 10 月即可大规模回采。按这一回采时间要求，需要利用露天边坡开掘措施平硐，及时完成采准与切割工作。为此，海南铁矿从 2011 年 7 月开始，在+36m 台阶掘进一条措施平硐，配合主斜坡道工程，完成端部矿体的前期采准与回采工作。+36m 措施平硐的布置形式与硐口现场，如图 9-19 所示。

+36m 措施平硐完成了挂帮矿 0m 中段的大部分开拓与采准，有效加快了地下+30m～+60m 分段的采准与回采进程，促进了过渡期生产能力的快速提高。

9.6.2 挂帮矿主采区开采方案

在+30m～+60m 分段采准工程施工中，探测出多条厚大夹石层，其走向几乎与进路方向垂直，出露的夹层直接影响切割巷道的合理位置。由于厚大夹石不宜混着矿石回采，在正常回采分段，需将厚大夹石留于采场，为此遇到夹石时需要重新开掘切割工程。因此，对于一采区厚大矿体，需根据采准工程揭露的夹石情况再次确定切割工程的位置。

在采准工程施工中，为避免工程量的浪费，在矿体边界部位需要合理确定回采进路的掘进位置。在垂直走向布置进路的采场结构中，第一分段进路（诱导工程）回采炮孔的布置形式如图 9-20 所示，在不崩落顶板围岩的前提下，正常回采时的崩落矿石高度为 19m（从进路底板算起），在上盘侧矿石层高度变小时，为完整崩透

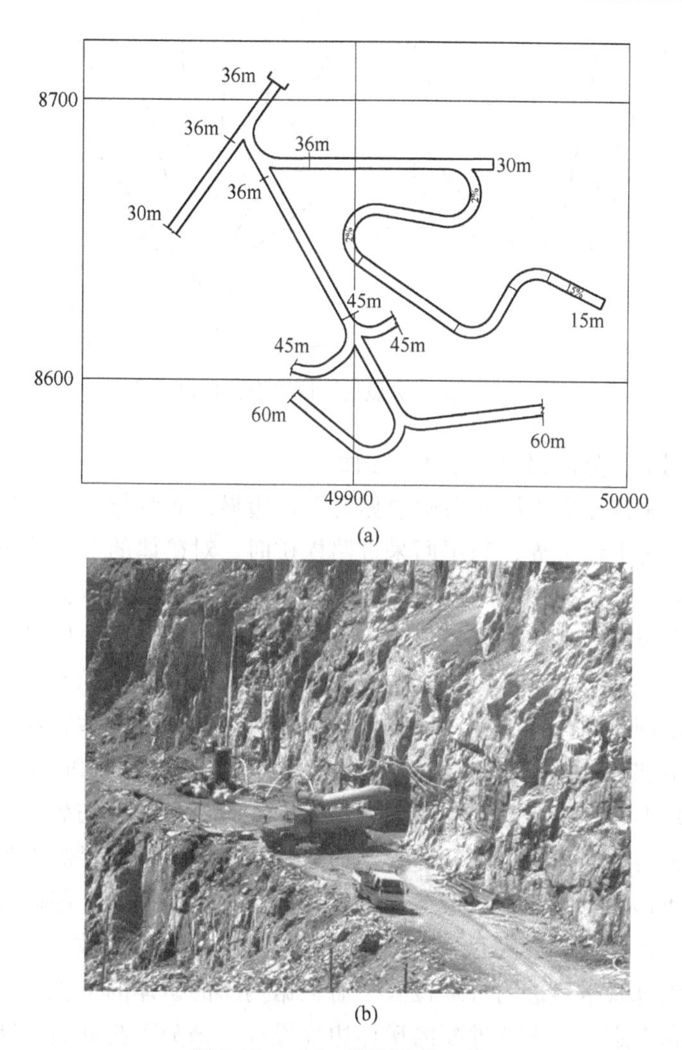

(a)

(b)

图 9-19 +36m 措施平硐工程

（a）设计图；（b）平硐口实况

两条进路之间的矿体，要求崩落矿石的高度不小于 13m。为此，原则上将矿石层高度 13m 作为本分段是否布置回采进路的临界值，即当进路轴线部位的矿石层高度等于或超过 13m 时，在本分段布置回采进路；反之，当矿石层高度小于 13m 时，本分段不布置回采进路，

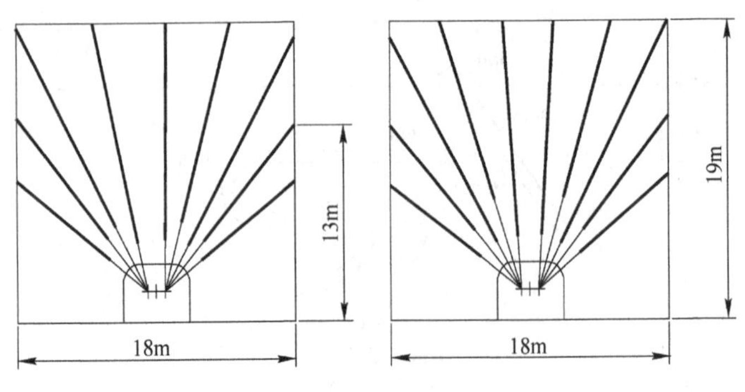

图 9-20　第一分段进路回采炮孔布置形式

转移到下一分段利用诱导冒落法回采。

一采区厚大矿体的南侧边界为下盘边界，北侧与东侧边界的绝大部分为上盘边界，利用回采进路探矿时，对矿体的上、下盘边界需区别对待。这是因为在矿体的下盘侧，为充分回采下盘矿石，回采进路至少需要布置到矿岩交界处；而在上盘侧，为避免浪费采准工程，根据上述分析，回采进路原则上布置到矿体厚度 13m 处为止。

由探采结合得出，一采区上部+84m 水平有厚大矿体存在，该矿体与下部+60m 分段揭露的矿体为同一矿体，而在 0～+60m 分段之间有大块夹石，夹石呈上小下大状态。起初设诱导工程布置在+45m，由于夹石的存在，为降低矿石损失贫化，最终将诱导冒落工程选择在+60m 水平，利用+60m 分段的连续回采空间，诱导上部矿岩自然冒落，冒落的矿石从下部+45m 分段及以下分段回采时放出。各分段南侧沿脉联络巷道的合理位置，需根据揭露的矿体的下盘边界与下盘倾角而定，可先按推断的矿体边界设计一部分下盘联巷，待掘进回采进路探清矿体边界后，再确定其余部位联巷的位置。在矿体下盘边界确定后，+60m 分段下盘沿脉联巷的位置，仅考虑满足下盘崩落与冒落的矿石能够在空场下充分放出即可。而+45m 分段的下盘侧矿体，被+60m 分段诱导冒落的废石覆盖形成覆岩条件，其沿脉联巷的位置，需要考虑下盘崩落矿石在覆岩下放出需要。根据测定的散体流动参数值估算，在空场条件下放矿，实测得出的放出角为 52°，而崩落矿石在覆岩下放矿的视在放出角约为75°。+60m分段按放出角不超过52°设计其位置，而+45m分段的下盘沿脉联巷，按放出角不小于75°设计其位置。

从有利于探矿与高效开采的角度出发，确定一采区+60m、+45m与+30m三个分段，同时掘进采准工程。如前所述，在每一分段，将对探矿起主导作用的采准工程，称为探采结合工程。每一分段按探采结合与生产衔接要求安排采准工程的施工进度，原则上，每一分段均先施工探采结合工程，三个分段的探采结合工程相互配合，用于准确圈定矿体。根据二次圈定矿体形态与边界位置，及时优化后续采准工程的位置与布置形式，以便实现最佳的开采效果。

根据回采跨度分析，在60m分段回采结束后，冒落的矿岩可形成足够厚的覆盖层，在此条件下，+45m与+30m两个分段可同时回采，两分段回采工作面之间保持5~7m的安全距离即可。此时每一分段布置2台斗容4m^{3}的铲运机，生产能力可达48万吨/(台·年)，加上掘进带矿与小矿体开采，一采区可按210万吨/年的生产能力组织生产。为尽早实现这一高产目标，从+60m到+30m分段，都需合理制定回采方案与施工顺序。

9.6.2.1 +60m分段厚矿体回采方案

东端+60m分段为第一回采分段，也称之为诱导冒落分段，需要连续拉开足够大的暴露面积，诱导上部矿岩自然冒落，形成覆盖层，为下分段高强度开采创造条件。由于在+60m分段回采时，露天防护工程已经形成，+60m分段回采速度越快越好，为此采用从切割巷向南北两侧同时退采的回采顺序，以快速完成诱导冒落工作。

由探采结合工程实际揭露，+60m分段南侧夹层厚度达8~13m，且从东西方向贯通矿体，如果崩落该夹层，需要崩落7~8个步距的纯岩石，不仅费时费力，而且不利于控制矿石贫化率，更不能保证后面矿石层回采的补偿空间。本着经济、可靠与高效开采的原则，确定不崩落该夹层、另开切割槽回采后面矿体的改进方案，即将切割槽南部矿体中的一条厚度 8~13m、横贯东西方向的夹层，留于采场不予回采，由此形成以该夹层为界的南北两个采区。这样+60m 首采部位（北采区）的采空区跨度减小近 50m，此时的采空区跨度接近于矿石的临界持续冒落跨度，已经不足以诱导上部岩体冒透地表，为此需要借助+45m 分段的回采空间扩大采空区跨度，并需严格控制采空区扩展方向，确保上覆矿岩按零星冒落或小批量冒落形式完成初始冒落过程。按照这一原则，+60m 分段北采区进一步调整了回采顺序，确定的回采顺序如图 9-21 所示，按图中 1、2、3、4 分区顺序回采，其中 1 分区为诱导矿石冒落区，2~4 分区为诱导上覆岩层冒落区，在 1 区回采完成后，方能进入 2 区回采，依此类推。

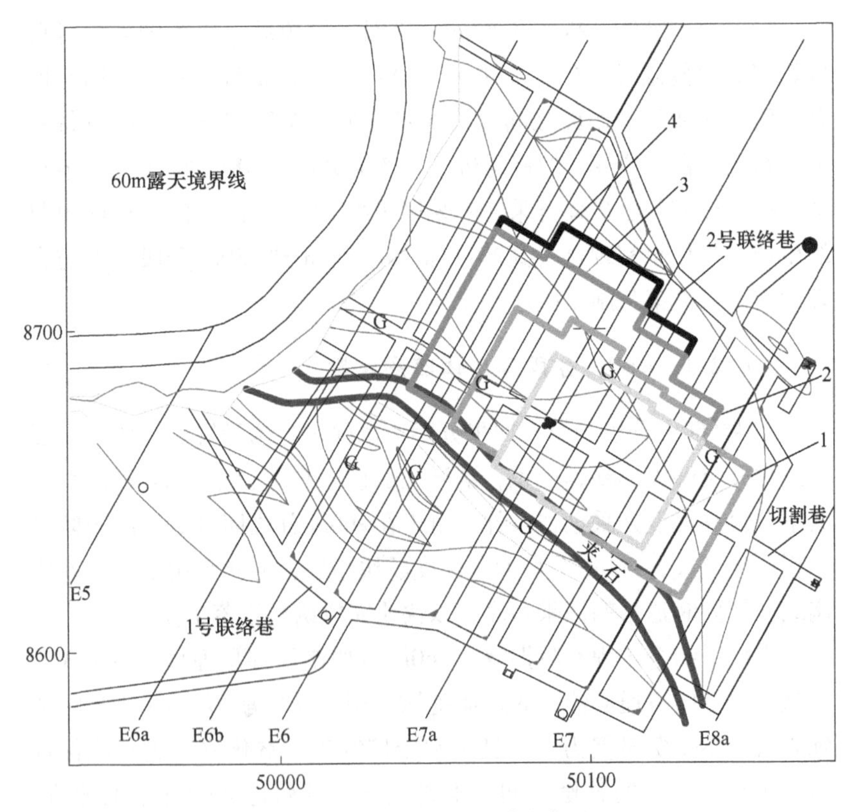

图 9-21　+60m 分段回采顺序图

9.6.2.2 +45m 分段回采方案

+45m 分段端部厚矿体采准巷道布置形式见图 9-22 所示。在+60m 分段 1 分区回采结束后，上覆矿石即可充分冒落，此时+45m 分段便可拉开对应部位的切割槽，并进行正排炮孔的回采工作。+45m 分段的回采工作面，滞后于+60m 分段 4~5 个步距即可。为促使采空区安全快速冒透地表，+45m 分段需加快上盘测矿石的回采工作，快速越过+60m 分段回采界线 20~25m，达到持续冒落跨度，诱导上覆围岩冒透地表。在空区冒透地表之前，+45m 分段亦须保证进路端部口不出空，以严防冒落气浪冲击危害。

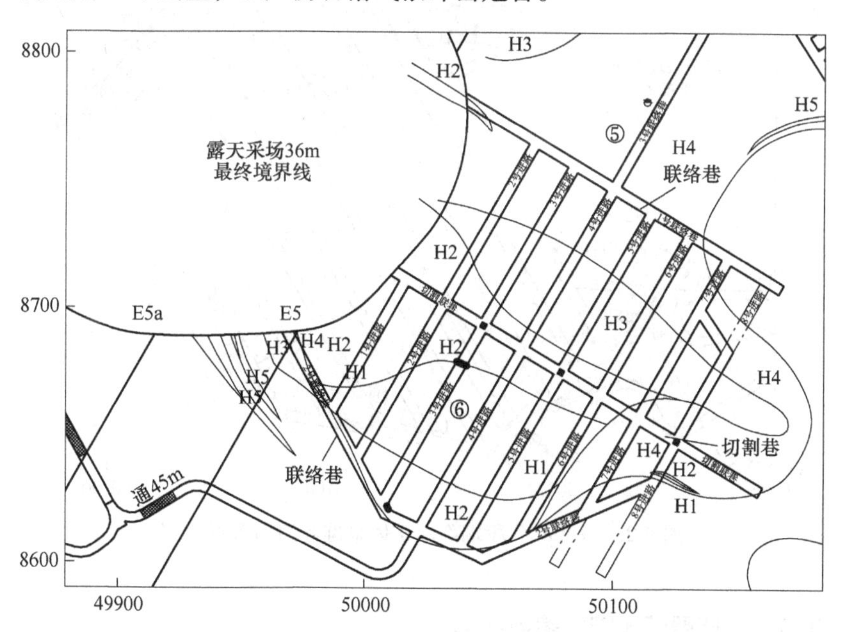

图 9-22 +45m 分段端部厚矿体采准巷道布置形式图

9.6.2.3 +30m 分段回采方案

+30m 分段首先回采采场⑥~④，在探采结合工程施工后，进行矿体二次圈定，根据二次圈定的矿体条件，确定其余采准工程的位置。随后，将其余回采进路掘进到矿体边界，但南侧 6 号、7 号与 8 号进路不超过设计的下盘联巷的位置，北侧 1~4 号进路不超过 1 号联巷的位置。各条进路掘成后，再次圈定矿体内的夹层和矿体下盘边界，确定出夹层的产状与细部切割工程位置，同时给出矿体下盘倾角与边界位置，由此确定出下盘沿脉联巷的合理位置，并进行施工。+30m 分段采准工程的布置形式如图 9-23 所示。采用与+45m 分段相同的回采顺序、可滞后于+45m 分段 4~5 个步距进行回采。

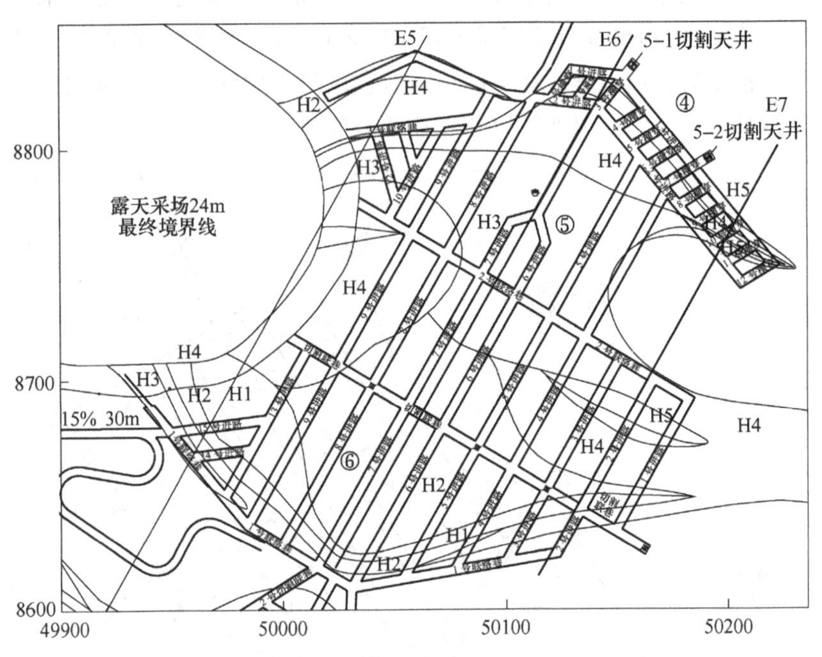

图 9-23　+30m 分段端部厚矿体采准巷道布置形式图

9.6.3　挂帮矿体结构参数优化

东端帮主矿体为厚大矿体，根据矿体形态、规模与产量要求，经研究确定，取分段高度 15m。但下部矿体产状向斜，厚矿体两翼倾角多为 25°~45°，平均 35°左右，此时无论分段高度取何值，都会在下盘形成残留体造成永久损失。为减小下盘损失矿量，同时保持大结构参数高强度开采，可在两个分段之间布置下盘回收工程（图

9-24)。采用下盘辅助分段回收措施后，在现用15m分段高度的条件下，下盘残留体面积为270m²；如果将分段高度增大到20m，下盘残留体面积为234m²。就是说，在下盘回收工程量相等的条件下，后者残留面积减小了13.33%。由此可见，在进入矿体下部回采后，对于部分厚矿体，可将分段高度由现用的15m增大到20m，同时增设下盘辅助分段，以便更好地控制下盘残留量。

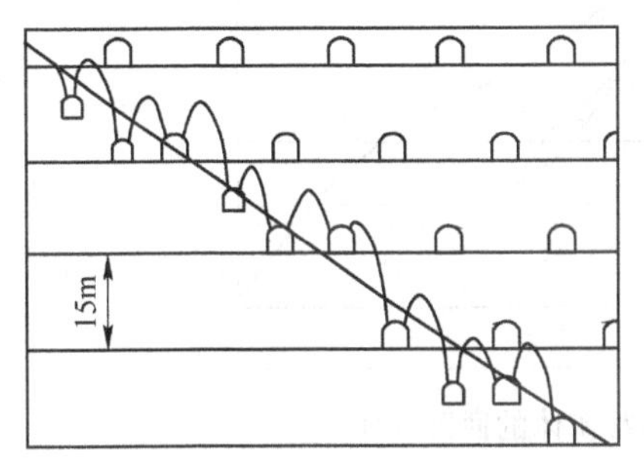

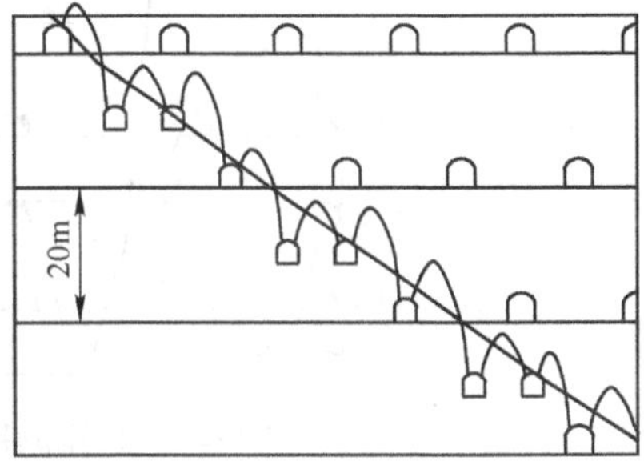

图9-24 不同分段高度下盘回收工程与残留体形态剖面图

影响诱导与回收工程参数选择的主要因素是矿石回采指标。根据矿体形态、厚度与倾角条件，以及结合散体流动参数的计算结果，对于东端帮中部厚大矿体，在分段高度15m条件下，可取进路间距18m，在矿体的底部布置加密进路，将回收分段的进路间距变为9m，使矿石得以完整回收。对于倾斜中厚矿体，可用分段空场法回采方案。根据矿体形态，采用平底堑沟结构，回采时从堑沟端部落矿，并放出到不进空区装矿不能再出矿的程度为止。采场内剩余的矿石从出矿横穿放出。为减小出矿口之间的残留体，出矿横穿的间距不宜过大，根据海南铁矿矿岩稳固情况，设计取用8~11m的间距。出矿横穿的长度需满足铲运机直线铲装的要求，如采用斗容2.0m³的铲运机出矿，出矿横穿长度11~13m为宜。

崩矿步距在生产中需根据覆盖层废石在出矿口出露位置信息，按前述方法优化。

9.6.4 挂帮矿的放矿控制方法

海南铁矿挂帮矿采用诱导冒落法开采，即利用无底柱分段崩落法第一分段进路（诱导工程）诱导上部矿体与上覆岩层自然冒落，冒落的矿石在其下分段回采时逐步回收，冒落的岩石留于采场形成覆盖层（图9-25）。

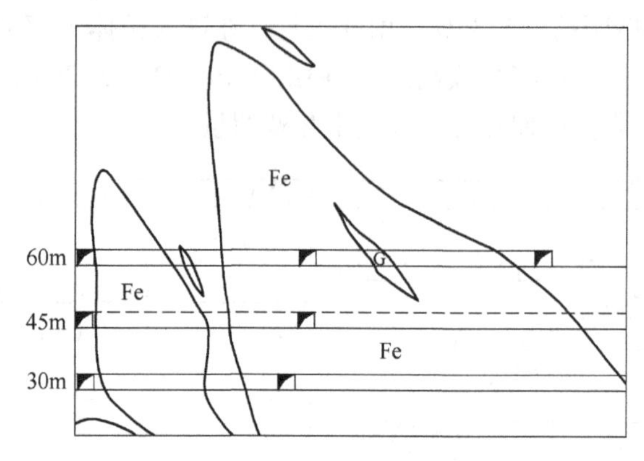

图9-25　东端帮挂帮矿体的回采条件

作为诱导工程的+60m分段，其主要作用是诱导上覆矿岩自然冒落，为下分段高强度开采创造条件。该分段设计崩落矿石高度15m（从巷道顶板算起），放出量可控制在崩矿量的45%～50%之间，以保持端部口不敞空，严防冒落滚石与冒落气浪冲击危害。

作为主体接收冒落矿量的+45m分段，在上分段矿石充分冒落之后便可投入回采，其放矿管理方法，可根据冒落矿石的流动性而灵活调整。如果冒落矿石的大块含量较大、流动性较差，+45m分段应采取削高峰放矿，即每一步距均按上方冒落矿石层的高度控制步距放矿量，以保持矿岩接触面均缓下降。如果冒落矿石的流动性较好，则可放宽对步距出矿量的限制，对其下有接收条件的出矿步距，出矿到端部口见覆盖层废石为止；对其下没有接收条件的出矿步距，一直放矿到截止品位。

对+30m及以下分段，均采用设置回收进路的采场结构和相应的低贫化与截止品位组合式放矿方式，并根据覆盖层废石块度条件，确定低贫化放矿方式的截止出矿点，即对下面有接收条件的步距出矿到见废石漏斗为止，对回收进路出矿到截止品位。这样，使采场结构与放矿方式共同适应矿岩散体的移动规律，由此改善矿石的回采指标。

截止品位的确定以企业最终产品和生产成本为依据，海南铁矿为采选联合企业，因此应计算到铁精粉的售价与成本。此时截止品位 C_d的计算式为：

$$C_d = C_w + \frac{A_k + A_s + A_x}{L}(C_j - C_w) \times 100\% \tag{9-3}$$

式中 A_k——采矿成本在放矿之后生产过程的分摊额，元/t；

A_s——从矿山到选厂的运输成本，元/t；

A_x——每吨矿石的选矿成本，元/t；

C_w——选厂尾矿品位，%；

C_j——选厂精矿品位，%；

L——铁精粉销售净收入，元/t。

无论是生产成本还是销售价格，总是随市场经济不断变化的，因此放矿截止品位是一动态指标，应根据前一年（或季度）的实际指标进行逐年（或逐季度）的动态计算，并结合市场预测随时调整。

9.7 露天地下协同防控岩移危害

挂帮矿的开采中，可通过调整回采顺序与回采高度引导岩体向塌陷坑冒落，避免边坡塌冒时对露天采场造成岩移危害，但在采空区冒落过程中，地表受扰动的边坡岩块，有可能发生滚落，冲击到露天坑底。因此，为严防滚石危害，还需根据边坡可能发生滚石的范围，在露天坑底及时形成安全防护体系，以确保露天生产安全。

9.7.1 岩移范围与塌落控制

一采区矿体厚大，是海南铁矿露天转地下过渡期的主采区，该区+60m 分段的回采工作，除需将矿石合理采出外，主要还需形成足够大的采空区面积，诱导顶板围岩自然冒落，形成足够厚度的覆盖层。该分段⑥采场4区的回采面积约7000m²，约为岩石持续冒落面积的2倍，因此在⑥采场回采过程中，采空区便会冒透地表。

分析得出，在采空区冒透地表期间，地表受到扰动发生滚石的范围，不会超过地表塌落引起的岩移范围。根据小汪沟铁矿露天转地下开采边坡塌落过程的跟踪观察，在边坡岩体稳定性较好的条件下，在采空区冒透地表的初期，由采空区冒落引起的岩移角不小于75°。海南铁矿北一采场东端帮边坡岩体的稳定性好于小汪沟铁矿，预计采空区冒透地表时的瞬时岩移角不小于小汪沟铁矿的岩移角，但为安全起见，按岩移角65°和+60m分段最大的采空区范围来估算边坡的岩移范围，估算结果见图9-26。

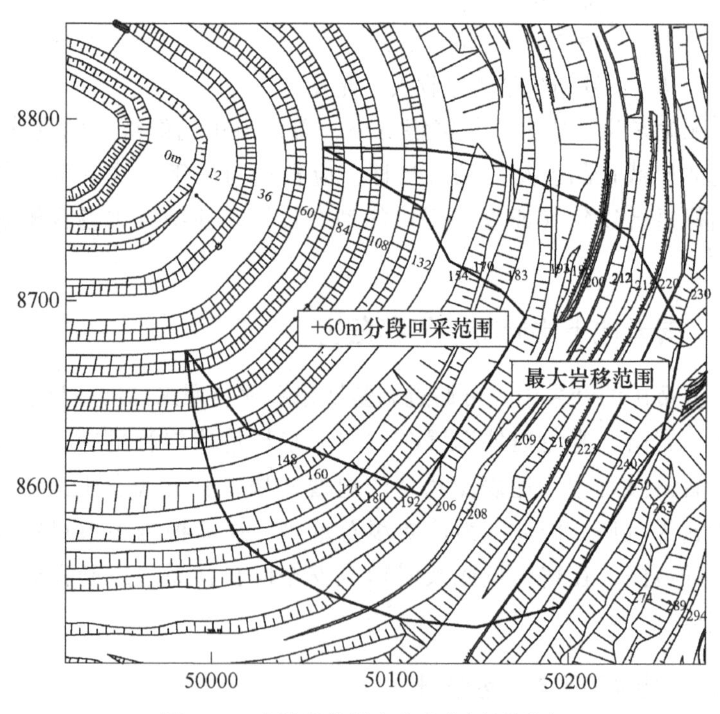

图9-26　边坡岩体最大岩移范围预测图

根据图9-21、图9-22，诱导工程回采区域的平面几何形状，可近似为椭圆，此时可将第3章图3-2所示的回采区与滑落区的定量关系，简化为图 9-27 所示的计算模型。

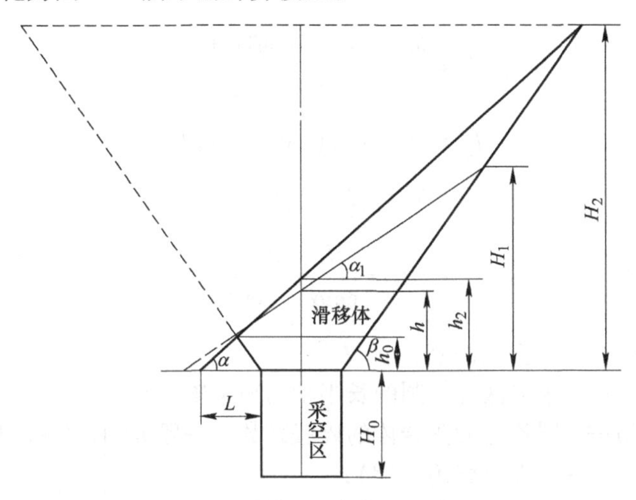

图 9-27 采空区高度计算模型

由图 9-27 模型推导得出：

$$H_0 \geqslant \frac{1}{\pi a_0 b_0}[V_0(\eta - 1) + \eta V_2 - V_1] \tag{9-4}$$

$$V_0 = \frac{\pi}{2}h_0[a_0 b_0 + (a_0 + h_0\cot\beta)(b_0 + h_0\cot\beta)]$$

$$V_1 = \int_{h_0}^{h_1}\left(\pi ab - 2a\int_0^{l_1}\sqrt{1 - \frac{y^2}{b^2}\mathrm{d}y}\right)\mathrm{d}h + 2\int_{h_1}^{H_1}\int_0^{l_1} a\sqrt{1 - \frac{y^2}{b^2}}\mathrm{d}y\mathrm{d}h$$

$$V_2 = \int_{h_0}^{h_2}\left(\pi ab - 2a\int_0^{l_2}\sqrt{1 - \frac{y^2}{b^2}\mathrm{d}y}\right)\mathrm{d}h + 2\int_{h_2}^{H_2}\int_0^{l_2} a\sqrt{1 - \frac{y^2}{b^2}}\mathrm{d}y\mathrm{d}h$$

$$a = a_0 + h\cot\beta$$

$$b = b_0 + h\cot\beta$$

$$h_0 = \frac{L}{\cot\alpha + \cot\beta}$$

$$l_1 = (h - h_0)(\cot\alpha_1 + \cot\beta)$$

$$h_1 = (h_0\cot\alpha_1 + h_0\cot\beta + b_0)\tan\alpha_1$$

$$H_1 = \frac{h_0(\cot\alpha_1 + \cot\beta) + 2b_0}{\cot\alpha_1 - \cot\beta}$$

$$l_2 = (h - h_0)(\cot\alpha + \cot\beta)$$

$$h_2 = (L + b_0)\tan\alpha$$

$$H_2 = \frac{L + 2b_0}{\cot\alpha - \cot\beta}$$

式中　H_0——采空区高度，m；

a_0，b_0——采空区等价圆的长半轴与短半轴，m；

η——冒落与滑落岩体的碎胀系数，一般 $\eta=1.10\sim1.30$；

α——露天边坡角，(°)；

β——岩体滑落角，(°)，一般为 65°~80°；

L——采空区顶板到露天边坡的水平距离，m。

实测得出 $\alpha=42°$，$\alpha_0=58.6$m，$b_0=42.0$m，$L=12.0$m，取 $\alpha_1=38°$，$\beta=75°$，$\eta=1.12$，代入上式计算得出的采空区最小高度 $H_0=27$m，即东端帮矿体诱导工程采出矿石的最小高度，需不小于 27m。

海南铁矿第一分段诱导工程的回采参数如图 9-28 所示，空区高度约为 11m，按此计算，下分段采出矿石高度应不小于 27m−11m=16m，才能形成可控制岩移方向的塌陷坑。

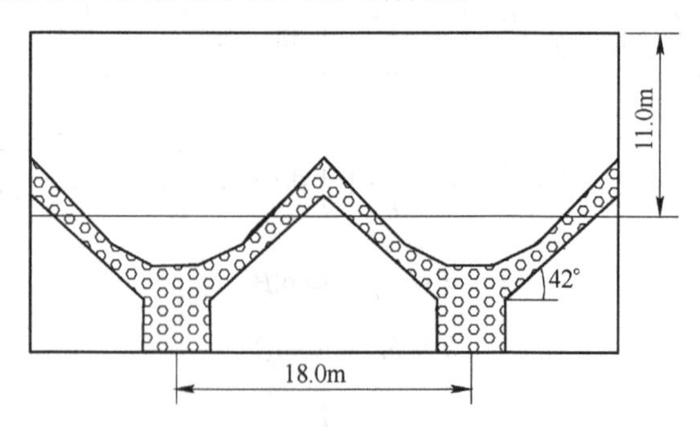

图 9-28　海南铁矿诱导工程回采参数

东端帮矿体分段高度 15m，第一分段诱导工程设置在+60m 分段，预计+60m分段回采过程中上覆矿石能够大量冒落，为此确定在+45m分段回采中放出不小于16m高度的矿石，即利用+60m与+45m两分段的协同回采，形成不小于27m高的采空区，满足岩移控制要求。

9.7.2 露天边坡滚石防护

海南铁矿露天边坡矿岩节理裂隙发育，地下采空区在临近冒透地表时，边坡块石受到扰动有可能引起滚落，为防止一旦发生滚石事故可能造成的伤害，需要进行露天边坡滚石试验，根据滚石停落地点设置有效的防护工程，确保露天采场的生产安全。

9.7.2.1 滚石试验方案

根据东端帮挂帮矿体赋存条件和采场与露天边坡的位置关系，推测出露天边坡受地下开采的扰动范围，同时按边坡等高线变化梯度作出受扰动范围的滚石移动迹线（图9-29）。在受扰动的范围内，选择发生滚石可能性较大的移动迹线作剖面图，在图中绘出露采边坡、地下采准工程及岩移推测范围，在其容易发生滚石边坡的上台阶，设计试验滚石的放置点，再结合现场条件适当调整，确定出最终放置点（图9-30）。矿山测量人员事先将设计的试验块石放置点定位到露天边坡的台阶上，并用红色油漆标示出块石放置的点位，同时在坑底设置好测量基点，以便将落入坑底的试验块石快速测绘于图上。

图9-29 滚石试验位置

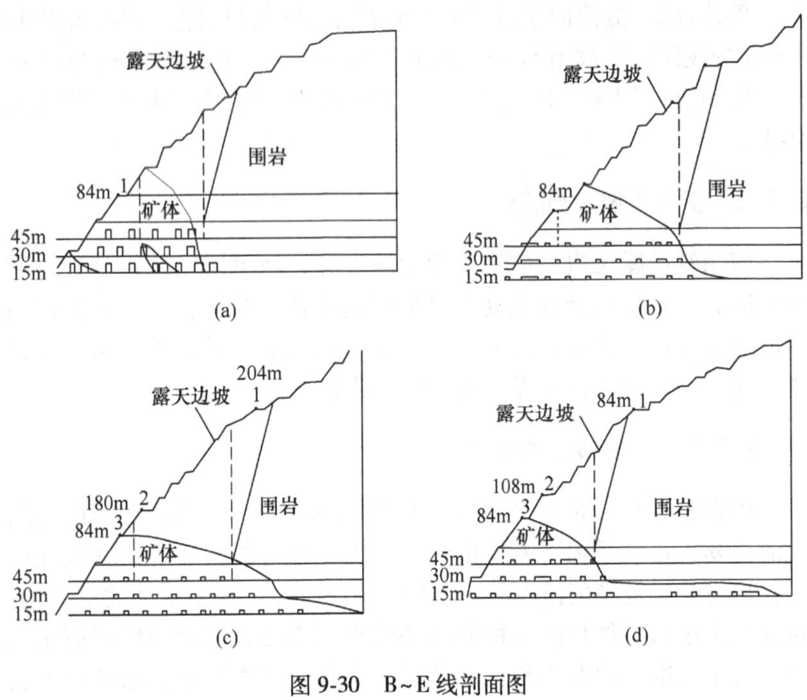

图 9-30　B~E 线剖面图

(a) B 线；(b) C 线；(c) D 线；(d) E 线

9.7.2.2　滚石试验数据

结合现场实际，按易滚且完整性较好的准则选取试验滚石。在选定的每个试验位置点，将尺寸为 20cm×20cm×20cm、30cm×30cm×30cm、40cm×40cm×40cm 整体性较好的试验块石组（标记为 B12、B13、B14……）分别堆放在露天台阶边缘稳固的位置，由专人逐点逐个按指令进行滚放。编号 B12 表示 B 线 1 号点大小为 20cm×20cm×20cm 的块石，其他块石编号依此类推。试验按小块到大块、低台阶到高台阶、B 线至 E 线的顺序滚放，即从 84m、108m、180m、204m 台阶的 B、C、D、E 线的顺序依次滚放（图 9-29）。每一试验块石滚放时，1 人摄录滚石运动的全过程，1 人做好试验记录，另专设 1 人负责记录块石滚落点位置，包括是否落入露天坑底的水坑和落入水坑的位置。滚石试验结果如下：

B 线因 108m、132m、144m、168m、180m、204m 台阶垮塌，仅在 84m 台阶设一试验点，从该试验点滚落的大小不同滚石均止于 36m 台阶。

C 线滚石滚落最远停落于 36m 台阶，且 108m 台阶以上滚石均被 108m 台阶接住。

D 线 108m 台阶及其下台阶滚石大多停落于 36m 台阶，其中块石 D24 滚动最远，从 108m 台阶滚落停于 12m 台阶；204m 台阶滚石均为植被所挡，最远滑落于 192m 台阶。

E 线滚石滚动不远，其中 108m 台阶及其上台阶滚石最远停落于 84m 台阶。

9.7.2.3 试验数据分析

由 84m、108m 与 180m 三个台阶下放的滚石，绝大多数被 84m 与 36m 两个台阶所拦截，而 204m 台阶试验滚石最远滑落止于 192m 台阶坡根，在试验的 31 块滚石中，仅一块滚石沿边坡滑落停于 12m 台阶上。根据试验结果，结合试验现场条件分析得出：块石小的滚动完整性保持完好，在滚落过程中，途经表面破碎的边坡或散体堆，有助于滚石向下继续滚动，滚石由中空翻滚变为沿坡滑落；若滚石所落边坡完整性好，表面坚硬，使滚石再次弹跳、出现破碎及弹起再次翻滚，块石在基岩裸露的坡面上弹起，落于下一台阶再次弹起翻滚，可能越过台阶挡石墙。根据试验录像及记录数据，分析边坡滚石路径图，确定需设置拦石墙的边坡台阶部位，按记录的滚石落地时的弹跳高度，乘 1.5 的安全系数，确定拦石墙高度。

9.7.2.4 防护坝设计

对各试验块石的最终停落点进行现场测量，绘于露天开采的现状图上，据此设计的防护坝位置见图 9-31。防护坝设计在露天坑 0m 台阶上，距离坡脚的安全距离为 30m，以确保露天生产不受边坡滚石危害。防护坝由露天剥离的废石堆成，采用梯形断面，设计高度 2m，底部宽度 5.4m，顶部宽度 2.0m。防护坝及内侧（靠边坡一侧）的下部矿石后续由地下开采。

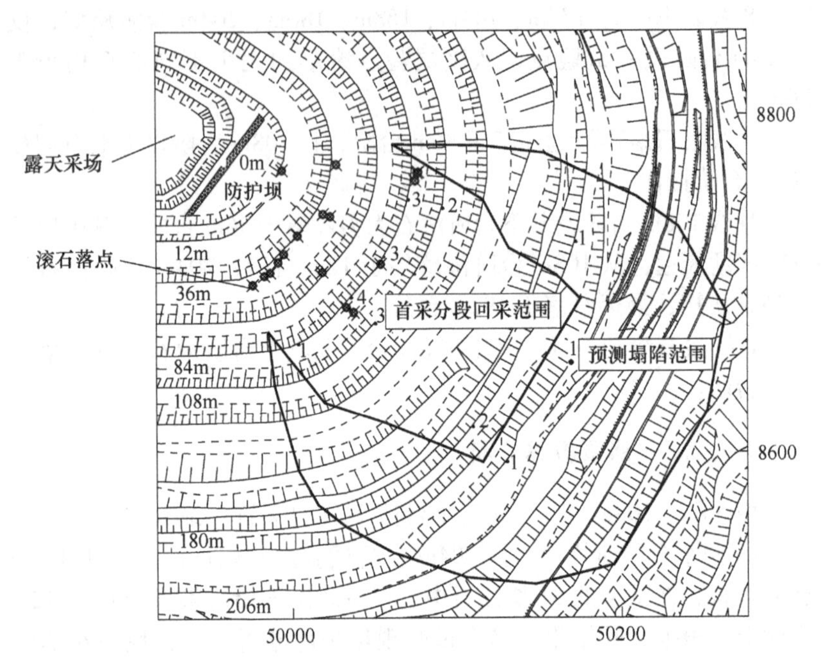

图 9-31　滚石试验结果与防护坝位置示意图
1~4—各线试验滚石起点位置

9.8　露采境界细部优化

海南铁矿原设计露天开采境界的最低标高为 0m，0m 以下矿石全部由地下开采。由于矿体形态复杂多变，夹层较多，如此划分境界，使得 E3a~E5a 线之间及 E2a 以西的露天境界外的浅部矿量、孤立小矿体与边角矿量，地下开采的采准系数过大，且矿石损失率大。为此，本着有利于生产安全与经济效益最大化的原则，按照前面所述的露天开采境界细部优化方法，将露天坑底由 0m 水平优化到 -72m 水平，从而使不便于地下开采的矿量采用露天安全高效开采（图 9-32）。海南铁矿进行露天开采境界的细部优化后，露天可采矿量增大 640 万吨，随之露天开采时间比设计延长 30 个月，露天地下同时开采时间增大 36 个月，有效增大了过渡期矿石产能，为实现露天转地下过渡期产量的平稳过渡创造了条件。

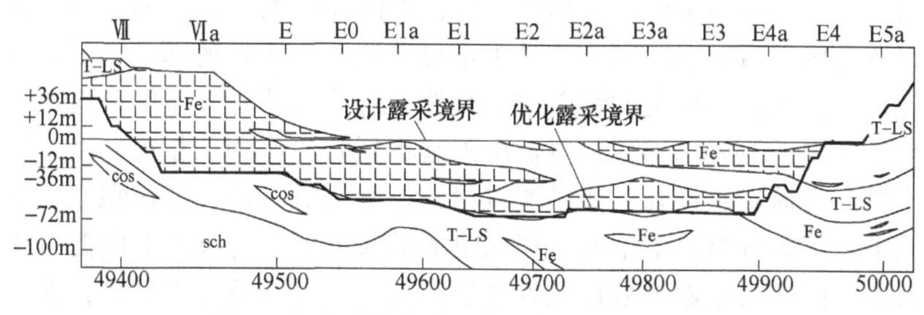

图 9-32 海南铁矿露天境界优化前后对比图

9.9 诱导冒落形成覆盖层

根据海南铁矿采空区围岩稳定性估计，挂帮矿采空区冒落岩体的规模可控制在直径 40m、最大下落高度 30m 的范围内。将 $d=40$m、$h=30$m、$\delta_0=0$ 代入第 7 章式（7-2），计算得出散体安全垫层的厚度为：

$$\delta = 0.2d^{0.5}h^{0.25} + \delta_0 = 0.2 \times 40^{0.5} \times 30^{0.25} + 0 \approx 3.0(\mathrm{m})$$

这就是说，海南铁矿控制冒落规模后，在出矿口部位留下不小于 3.0m 厚的散体垫层，即可保障回采工作面不受采空区冒落的冲击危害。

对于挂帮矿开采可能引起的边坡岩移问题，海南铁矿采用诱导冒落法，通过协调地下回采顺序与采空区高度，引导边坡岩移的方向指向塌陷坑方向。在此条件下，位于露天坑底部位的矿体，受采空区冒落冲击的条件与挂帮矿一样，留 3.0m 厚的散体垫层，便可保障回采作业的安全。

海南铁矿散体流动性较好，在无底柱分段崩落法回采过程中，只要确保进路端部口不敞露空区，同时使存于端部口至巷道底板间的散体坡面角处于正常值范围，即可满足 3.0m 厚的散体垫层的要求。在海南铁矿条件下，通过控制第一分段进路回采时的出矿量，留下部分矿石堵塞端部口，即可满足形成安全垫层的要求。

对于水害防治问题，海南铁矿所处地区雨量充沛，日最大降雨 356.0mm。覆盖层的有益作用在于将落入采场内的雨水由直流转变为渗流，减缓雨水流入采场的速度，由此减轻地下排水的压力。通常采空区塌透地表的部位才是雨水可直接落入采场的部位，因此在此部位设置足够厚度的覆盖层，对地下防治水才是有益的。而在采空区未塌透地表的部位，覆盖层则起不到防渗作用，相反，由于海南铁矿散体透水性强，如果覆盖层的位置较低，还会形成积水，在其下部矿体冒落或崩落时，积水快速涌入地下，有可能造成泥石流事故。因此对于露天采场位置较低的部位，特别是露天坑底，在采空区未冒透地表之前，不应采用设置覆盖层的方法防水，而应采取地表拦截排水，以避免发生地下水害。只有位置较高无积水可能的部位，才不会因覆盖层的存在而引发地下水灾。

海南铁矿经过露天开采境界细部优化后，露天应一直开采至-72m 水平，即开采到露天坑底矿体最低位置，因为其下没有矿体，不用形成覆盖层。而挂帮矿采用诱导冒落法开采后，自然形成覆盖层。因此海南铁矿不需要人工形成覆盖层，依靠诱导冒落形成覆盖层即可。

综上所述，海南铁矿经过露天开采境界细部优化后，从安全生产考虑，在露天转地下开采中露天坑内的每一部位，均无必要用回填废石的方法形成覆盖层，特别不应采用设置覆盖层的方法防水，而应采取地表拦截排水，以避免发生地下水害。

9.10　协同开采方案的实施效果

海南铁矿原设计露天开采到 0m 转入地下开采，从 2009 年开始进行地下建设。地下设计应用无底柱分段崩落法开采，前期挂帮矿生产能力为 140 万吨/年，到 0m 中段以下，地下生产能力为 260 万吨/年。

海南铁矿从 2010 年开始实施露天地下协同开采方法，经过细部优化，将露天开采境界从 0m 延深到-72m，同时用诱导冒落法开采挂帮矿体，从+36m 露天台阶打一措施平硐，提前进行挂帮矿的开拓、采准与回采工作。

+60m 分段诱导工程于 2014 年 5 月 16 日开始回采，在回采过程中，要求保持端部口不敞空，以严防冒落滚石与气浪冲击危害。

采用从切割槽向南北两侧退采的回采顺序，到2014年6月底，一采区5号、6号、7号进路的回采距离已达30m，此时6号进路的端部口被涌流矿石散体严密堵塞（图9-33）。根据回采工艺与涌出过程推断，这些涌流的散体矿石，均为冒落矿石，块度0.2~0.4m居多，流动性良好。根据涌流散体的密度，以及+84m分段出矿巷道帮出露的断裂线迹象，可以推断，上部空区的冒落高度约为11~17m。

图9-33 +60m分段6号进路端部口涌流散体

由于形成了矿石安全垫层，+45m分段从2014年7月开始在其下相应的部位拉切割槽和向上盘侧回采，到2014年10月26日，+60m分段与+45m分段形成的采空区等价圆直径达到了76m（图9-34），此时在84m台阶斜坡的表层岩体发生片落（图9-35）。分析表明，此时采空区冒落高度已经临近地表，承压拱波及到边坡表层岩体，使之发生了失稳片落与滑落。

随着+60m分段与+45m分段回采跨度的增大，采空区冒落高度不断增大，到2014年11月26日，采空区冒透地表，且在地表形成一长条形塌陷坑（图9-36）。表层冒落散体呈小块与碎粉状沿边坡滑下，内部冒落散体落入采空区内，此时对应的采空区等价圆直径为87m（图9-37）。这就是说，从统计学意义上表述，东端帮挂帮矿体的临界持续冒落跨度约87m。冒落矿石的流动性较好。

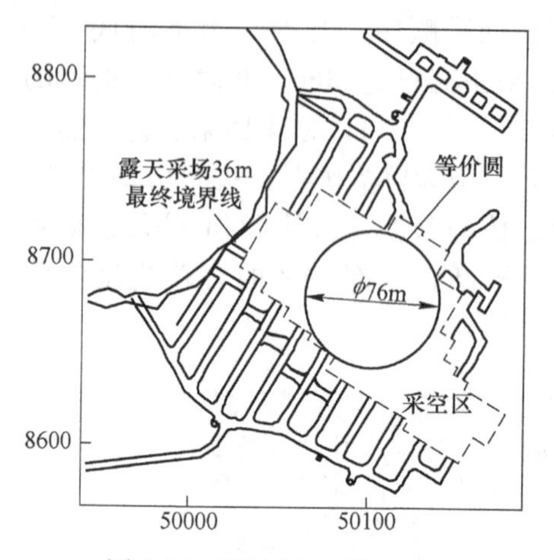

图 9-34　2014 年 10 月 26 日
采空区投影界线

图 9-35　2014 年 10 月 27 日照片

(a)

(b)

图 9-36　2014 年 11 月 27 日塌陷坑照片
（a）塌陷坑左侧照片；（b）塌陷坑右侧照片

此后，随着+60m 分段与+45m 分段回采跨度的进一步增大，边坡塌陷范围不断增大，到 2014 年 12 月 3 日，塌陷区边界出现规则分布的断裂线（图 9-38）。断裂线的发育良好，标志着后续的向塌陷坑片落过程将有序地进行。

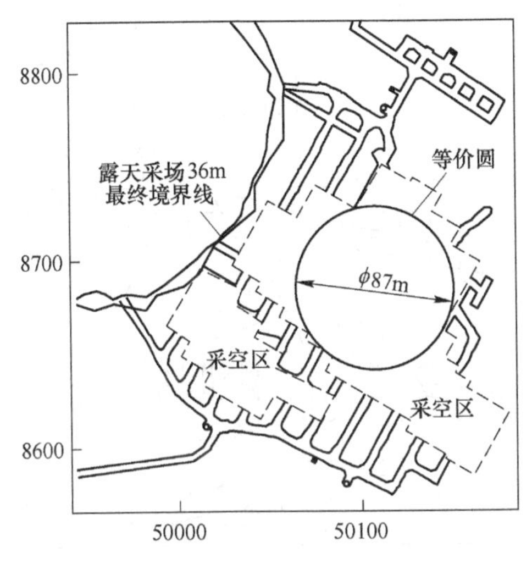

图 9-37 2014 年 11 月 26 日采空区投影界线

图 9-38 2014 年 12 月 3 日塌陷坑照片

（a）边坡塌陷坑；（b）198m 平台断裂线

应当指出，海南铁矿在延深开采中，部分废石采用了内排措施。为防治积水危害，经过分析确定，选用 0m 水平防护坝内侧部位堆放内排废石。该部位宽约 30m，无积水条件，其下为临时矿柱，可形成宽 27m 的废石堆（图 9-39）。根据滚石试验结果，该散体堆也可阻挡住边坡全部滚石，因此不会妨害露天采场的生产安全。

海南铁矿由于矿体形态复杂和挂帮矿面积较小，属于减产过渡

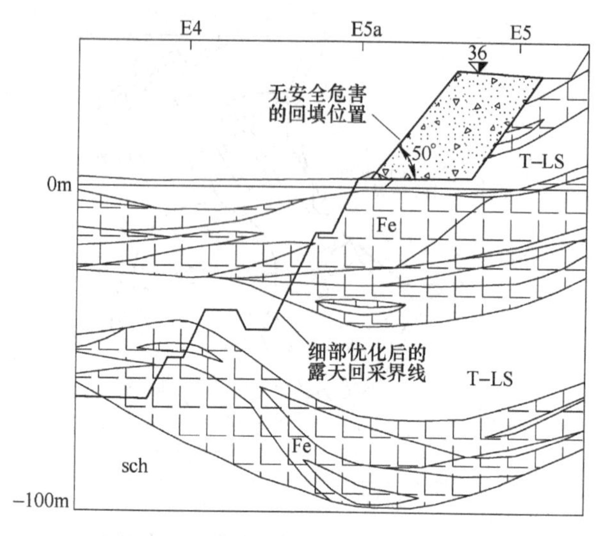

图 9-39　东部无积水部位废石内排位置

条件，实施露天地下协同开采方法后，露天采用不扩帮延深开采，产量由 400 万吨增大到最大 480 万吨/年；挂帮矿实施诱导冒落法开采，生产能力由 140 万吨/年增大到 210 万吨/年。由于有效释放了露天地下产能，过渡期矿山产量非但未减小，反而大幅度增加，形成了增产过渡局面（表 9-7）。

表 9-7　海南铁矿露天转地下过渡期年产量统计表

年份	2009	2010	2011	2012	2013	2014
产量/万吨	480. 57	477. 87	548. 94	564. 23	594. 09	540

此外，由现场统计数据得出，挂帮矿正常回采条件下的矿石回采率为 86. 02%，矿石贫化率为 10. 2%，比设计值（矿石损失贫化均为 18%）降低了 4~7 个百分点，显著增大了资源利用率。

总之，海南铁矿为赤铁富矿，针对矿体形态复杂、赤铁矿石对贫化控制要求严格等条件，应用露天地下协同开采方法，通过系统研究露天地下协同开采的工艺技术与参数，使之高度适应矿山条件，有效解决了露天转地下过渡期安全生产条件差与产量衔接困难的难题。

参考文献

[1] 王青，任凤玉．采矿学［M］. 2版．北京：冶金工业出版社，2011.
[2] 徐长佑．露天转地下开采［M］. 武汉：武汉工业大学出版社，1990.
[3] 邓才坤．露天转地下采场顶盖回采方法［J］. 江苏冶金，1987（1）：48~50.
[4] 甘德清，杨福海，杨学政．谈在中小矿山应用露天—地下联合采矿法[J]. 冶金信息工作，1997（01）：30~33.
[5] 孟桂芳．国内外露天转地下开采现状［J］. 中国有色金属，2008（22）：70~71.
[6] 李海英．露天转地下过渡期协同开采方法与应用研究［D］. 沈阳：东北大学，2015.
[7] 任凤玉．随机介质放矿理论及其应用［M］. 北京：冶金工业出版社，1994.